高等职业教育建筑专业"十三五"规划教材

智能楼宇技术与施工

主　编 ◎ 刘谋黎　陈新平

副主编 ◎ 高文文

西南交通大学出版社

·成　都·

图书在版编目（ＣＩＰ）数据

智能楼宇技术与施工 / 刘谋黎，陈新平主编. —成都：西南交通大学出版社，2019.1
ISBN 978-7-5643-6739-8

Ⅰ. ①智… Ⅱ. ①刘…②陈… Ⅲ. ①智能化建筑 – 自动化技术②智能化建筑 – 工程施工 Ⅳ. ①TU855 ②TU745

中国版本图书馆 CIP 数据核字（2019）第 018056 号

智能楼宇技术与施工

主编　刘谋黎　陈新平

责任编辑	李华宇
封面设计	吴　兵　曹天擎

出版发行	西南交通大学出版社 （四川省成都市二环路北一段 111 号 西南交通大学创新大厦 21 楼）
邮政编码	610031
发行部电话	028-87600564　028-87600533
网址	http://www.xnjdcbs.com
印刷	成都中永印务有限责任公司

成品尺寸	185 mm×260 mm
印张	13.5
字数	337 千
版次	2019 年 1 月第 1 版
印次	2019 年 1 月第 1 次
定价	38.00 元
书号	ISBN 978-7-5643-6739-8

前　言

　　智能建筑是以建筑物为平台，基于对各类智能化信息的综合应用，集架构、系统、应用、管理及优化组合为一体，具有感知、传输、记忆、推理、判断和决策的综合智慧能力，形成以人、建筑、环境互为协调的整合体，为人们提供安全、高效、便利及可持续发展功能环境的建筑。智能建筑技术是一门交叉性的应用技术学科，是建筑业和信息技术产业发展的综合性产物，是"建筑电气"学科的最新发展方向。

　　"智能建筑技术与施工"是一门实践性很强的课程。因此，本书在编写过程中，针对高等职业教育的特点，注重实践性和可操作性，每一部分的内容，均讲述了一些理论知识，而更多的是侧重于介绍设计方法、施工安装方法和规范标准。在内容编写方面，既重视基本原理和基本概念的阐述，又介绍了一些新技术、新设备和产品、新规范标准，反映了智能建筑的最新发展。

　　全书共分六章，第二章至第六章都编写有对应系统的实训项目。第一章讲述了智能建筑基本概念和智能建筑技术基础；第二章讲述了智能建筑设备监控管理系统，包括给排水、暖通空调、建筑供配电和建筑照明监控系统；第三章讲述了火灾自动报警及消防联动控制系统；第四章讲述了安全防范系统，包括可视对讲、入侵报警、视频监控和出入口控制系统；第五章讲述了建筑能耗监测系统；第六章讲述了楼宇综合布线。

　　本书的第一、三章由重庆建筑工程职业学院高文文编写；第二、四、五章由重庆建筑工程职业学院刘谋黎编写；第六章由重庆建筑工程职业学院陈新平编写。全书由刘谋黎、陈新平负责统稿和定稿。

　　由于编者学识水平有限，书中内容存在不足与有待商榷之处，编者将在今后的再版中进行改进，在此感谢读者多提宝贵意见，帮助完善教材内容。

编　者

2018 年 11 月

目　录

第一章　智能建筑基础

（1）了解智能建筑的基本概念及智能建筑的发展前景；
（2）了解智能建筑的相关标准；
（3）掌握智能楼宇关键技术。

会分析智能楼宇关键技术在现实楼宇中的应用。

任务一　智能建筑认知

（1）了解智能建筑设计标准和智能建筑的 3S 系统；
（2）理解楼宇智能的基本概念。

一、智能建筑概述

1. 智能建筑的概念

智能建筑诞生于 1984 年，它是信息时代的产物，是当今建筑业发展的主流。智能建筑是以建筑为平台，兼备信息设施系统、信息化应用系统、建筑设备管理系统、公共安全系统等，集结构、系统服务、管理及其优化组合为一体，向人们提供安全、高效、便捷、节能、环保、健康的建筑环境。智能建筑是综合性科技产业，涉及电力、电子、仪表、建材、机械、自动化、计算机、通信等行业，有很大的发展潜力。

自从智能建筑的理念提出，至今尚无统一的概念。世界上对智能建筑的提法很多，欧洲、美国、日本及国际智能工程学会的提法各不相同，其中日本机电工业协会楼宇智能化分会把智能楼宇定义为：综合计算机、信息通信等方面的最先进技术，使建筑物内的电力、空调、照明、防灾、防盗、运输设备等协调工作，实现建筑物自动化（BA）、通信自动化（CA）、办公自动化（OA）、安全保卫自动化（SAS）和消防系统自动化（FAS），将这 5 种功能结合起来的建筑，外加结构化综合布线系统（SCS）、结构化综合网络系统（SNS）、智能楼宇综合信息管理自动化系统（MAS）组成。

我国国家标准 GB 50314—2015《智能建筑设计标准》对于智能建筑的定义是：以建筑物为平台，基于对各类智能化信息的综合应用，集架构、系统、应用、管理及优化组合为一体，具有感知、传输、记忆、推理、判断和决策的综合智慧能力，形成以人、建筑、环境互为协调的整合体，为人们提供安全、高效、便利及可持续发展功能环境的建筑。

智能建筑的本质，简单地说就是为人们提供一个优越的工作与生活环境。这种环境智能建筑必须具备 3 个条件：一是具有保安、消防与环境控制等自动化控制系统，以及自动调节大厦的温度、湿度、灯光等参数的各种设施，以创造舒适安全的环境；二是具有良好的通信网络设施，使数据能在大厦内流通；三是能够提供足够的对外通信设施与能力。

2. 智能建筑的发展

1984 年，由美国联合技术公司（United Technology Corp，UTC）的一家子公司——联合技术建筑系统公司（United Technology Building System Corp）在美国康涅狄格州的哈特福德市建造了一幢建筑——都市大厦（City Place），在楼内铺设了大量通信电缆，增加了程控交换机和计算机等办公自动化设备，并将楼内的机电设备（变配电、供水、空调和防火等设备）均用计算机控制和管理，实现了计算机与通信设施连接，向楼内住户提供文字处理、语音传输、信息检索、发送电子邮件和情报资料检索等服务，实现了办公自动化、设备自动控制和通信自动化，从而第一次出现了"智能建筑"（Intelligent Building，IB）这一名称。

1985 年 8 月在日本东京建成的青山大楼，则进一步提高了建筑的综合服务功能，该建筑采用了门禁管理系统、电子邮件等办公自动化系统、安全防火、防灾系统、节能系统等，建筑少有柱子和隔墙，以便于满足各种商业用途，用户可以自由分隔。

美国和日本最早的智能楼宇为日后兴起的智能建筑勾画了其基本特征，计算机技术、控制技术、通信技术在建筑物中的应用，造就了新一代的建筑——"智能建筑"。

20 世纪 90 年代初，中国开始了"智能建筑热"，这时相应的报刊上不断出现有关智能建筑的报道。有文章这样描述："即将到来的 21 世纪，建筑界所能提供的大厦将不再是冰冷无知的混凝土建筑物了，代之而起的是温暖人性化的智慧型建筑，随着信息技术的发展，现代化的建筑已被赋予思想能力。"

早期北京京广中心、中国国际贸易中心、上海商城、上海花园饭店、上海市政府大厦等都在不同程度上达到或接近智能建筑的水平。厦门国际会展中心、上海的金茂大厦、期货大厦、证券大厦、久事复兴大厦、通贸大厦、上海博物馆、世界广场、世界金融大厦、深圳的赛格广场等数十幢建筑也都是按世界一流的智能化建筑要求设计的。由于智能建筑可以提高工作效率，有较高的经济效益与投资回报率，大量的医院、大企业的办公楼以及原先设计未考虑智能的商办楼宇和古建（如上海原汇丰银行现浦东发展银行外滩大楼）也补设智能化设备或重新改造。

二、智能建筑设计标准

1.《智能建筑设计标准》对智能建筑的规定

国家标准（GB/T 50314—2015）《智能建筑设计标准》对智能建筑的规定如下：

（1）智能建筑工程设计应以建设绿色建筑为目标，做到功能实用、技术适时、安全高效、运营规范和经济合理。

（2）智能建筑工程设计应增强建筑物的科技功能和提升智能化系统的技术功效，具有适用性、开放性、可维护性和可扩展性。

（3）增加智能化系统工程架构设计，并明确工程架构设计应包括设计等级、架构规划、系统配置等。

（4）智能化系统工程的构架规划应根据建筑物的功能需求基础条件和应用方式等做层次化结构的搭建设计，并构成由若干智能化设施组合的架构形式。

（5）智能化系统工程的系统配置应根据智能化系统工程的设计等级和架构规划，选择配置相关的智能化系统。

2. 我国智能建筑设计标准

1）我国相关标准

监控系统通常是在建筑中配置的一个电气系统，随着土建活动的进行，该过程中共同的、重复使用的技术依据和准则属于工程建设标准体系，在国家标准代号中采用 GB（/T）50×××—20××表示。根据使用范围，工程建设标准划分为国家标准、行业标准、地方标准和企业标准四类。在全国范围内使用的标准为国家标准，在某一行业使用的标准为行业标准，在某一地方行政区域使用的标准为地方标准，在某一企业使用的标准为企业标准。根据《中华人民共和国标准化法》的规定，国家标准、行业标准可以引用国家标准或行业标准，不应引用地方标准和企业标准。

工程建设标准按照属性划分为强制性标准和推荐性标准，强制性标准必须严格执行，推荐性标准自愿采用。目前，在工程建设领域，工程建设强制性标准是指全文强制标准和标准中的强制性条文。直接涉及人民生命财产和工程安全、人体健康、环境保护、能源资源节约和其他公共利益等的技术、经济、管理要求，均应定为强制性标准，而推荐性标准以/T表示。

智能建筑标准体系中的现行标准可以分为综合标准和专业标准。综合标准包括 GB 50314—2015《智能建筑设计标准》、GB 50339—2013《智能建筑工程质量验收规范》和 GB 50606—2010《智能建筑工程施工规范》；专业标准包括 GB 50116—2013《火灾自动报警系统设计规范》和 GB 50166—2007《火灾自动报警系统施工及验收规范》、GB 50311—2007《综合布线系统工程设计规范》、GB 50312—2007《综合布线系统工程验收规范》、GB 50348—2004《安全防范工程技术规范》、GB 50394—2007《入侵报警系统工程设计规范》、GB 50395—2007《视频安防监控系统工程设计规范》、GB 50396—2007《出入口控制系统工程设计规范》、GB 50526—2010《公共广播系统工程技术规范》等。

2）智能建筑设计等级划分

在 GB 50314—2015 中，对智能建筑设计等级的确立做下列规定：

（1）应实现建筑的建设目标；

（2）应适应工程建设的基础状况；

（3）应符合建筑物运营及管理的信息化功能；

（4）应为建筑智能化系统的运行维护提供服务条件和支撑保障；

（5）应保证工程建设投资的有效性和合理性。

对智能化系统工程设计等级的划分做下列规定：

（1）应与建筑自身的规模或设计等级相对应；

（2）应以增强智能化综合技术功效作为设计标准等级提升依据；

（3）应采用适时和可行的智能化技术；

（4）宜为智能化系统技术扩展及满足应用功能提升创造条件。

对智能化系统工程设计等级的系统配置做下列规定：

（1）应以智能化系统工程的设计等级为依据，选择配置相应的智能化系统；

（2）符合建筑基本功能的智能化系统配置应作为应配置项目；

（3）以应配置项目为基础，为实现建筑增强功能的智能化系统配置应作为宜配置项目；

（4）以应配置项目和宜配置项目的组合为基础，为完善建筑保障功能的智能化系统配置应作为可配置项目。

三、智能建筑的 3S 系统

智能建筑是采用系统集成方法将计算机、通信、信息技术与建筑艺术有机结合的产物。智能建筑的结构可用图 1-1 表示。它由智能建筑环境内系统集成中心（SIC，System Integrated Center），利用综合布线系统（PDS，Premises Distribution System），形成标准化强电与弱电接口，连接 3A 系统即建筑自动化系统（BAS，Building Automation System）、通信自动化系统（CAS，Communication Automation System）、办公自动化系统（OAS，Office Automation System），实现 3A 功能即建筑自动化、通信自动化和办公自动化功能。

为了能使这三大系统的信息及软、硬件资源共享，建筑物内各种工作和任务共享，科学合理地运用建筑物内全部资源，这三个系统应在智能建筑中实现一体化集成，即利用计算机网络和通信技术，在三大系统间建立起有机的联系。

1. 建筑物自动化系统 （Building Automation System，BAS）

它采用现代传感技术、计算机技术和通信技术，对建筑物内所有机电设施进行自动控制。这些机电设施包括交配电、给水、排水、空气调节、采暖、通风、运输、火警、保安等系统设备。用计算机对设施实行全自动的综合监控管理，即空调自动化管理、出入口管理，以及对卡识别系统、防盗保安系统、火灾报警系统和各种设备控制与监视系统等进行管理，以保证机电设备高效运行，安全可靠，节能长寿，给用户提供安全、健康、舒适、温馨的生活环境与高效的工作环境。

BAS 的实现技术主要涉及自动控制、计算机管理及其系统集成技术。

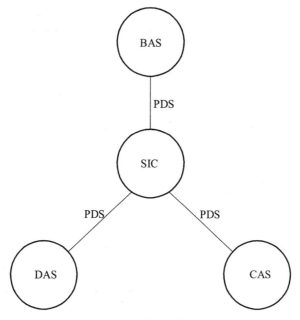

图 1-1 智能建筑结构示意图

2. 办公自动化系统（Office Automation System，OAS）

OAS 是智能建筑基本功能之一，是一门综合多种技术的新型学科。它涉及计算机科学、通信科学、系统工程学、人机工程学、控制学、经济学、社会心理学、人工智能等学科。该系统借助于先进的办公设备，提供文字处理、模式识别、图像处理、情报检索、统计分析、决策支持、计算机辅助设计、印刷排版、文档管理、电子账务、电子函件、电子数据交换、来访接待、会议电视、同声传译等功能，以取代人工进行办公业务处理，最大限度地提高办公效率、办公质量，尽可能充分地利用信息资源，从而产生更高价值的信息，提高管理和决策的科学化水平，实现办公业务科学化、自动化。

3. 楼宇通信自动化系统（Communication Automation System，CAS）

CAS 是以结构化综合布线系统为基础，以程控用户交换机（Private Branch Automatic Exchange）为核心，以多功能电话、传真、各类终端为主要设备而建立起来的建筑物内一体化的公共通信系统。这些设备（包括软件）应用新的信息技术构成智能大厦信息通信的"中枢神经"。它不仅保证建筑物内的语音、数据、图像传输并通过专用通信线路和卫星通信系统与建筑物以外的通信网（如公用电话网、数据网及其他计算机网）连接，而且将智能建筑中的三大系统连接成有机整体，从而成为核心。智能建筑中的信息通信系统主要包括语音通信系统、数据通信系统、图文通信系统、卫星通信系统及数据微波通信系统等。

总之，智能建筑总体功能可用智能建筑系统汇总，见表 1-1。

结构化综合布线系统（Structured Cabling Systems，SCS）是建筑物中或建筑群间信息传递的网络系统。其特点是将所有的语音、数据、视频信号等的布线，经过统一的规划设计，综合在一套标准的布线系统中，将智能建筑的 BAS、OAS、CAS 三大子系统有机地联系在一起。对于智能建筑来说，结构化综合布线系统，就如其体内的神经系统一样，起着极其重要的调控作用。

表 1-1　智能建筑总体功能按智能建筑系统汇总

智能建筑管理系统				
办公自动化系统	建筑设备自动化系统			通信自动化系统
	安全防范系统	消防报警及消防联动	建筑设备监控系统	
文字处理	出入控制	火灾自动报警	空调控制	程控电话
公文流转	防盗报警	消防自动报警	冷热源控制	有线电视
档案管理	电视监控		照明控制	卫星电视
电子账务	巡更		给排水控制	公共广播
信息服务	停车库管理		电梯控制	公共通信网接入
一卡通				VSAT 卫星通信
电子邮件				视频会议
物业管理				可视图文
专业办公自动化系统				宽带传输

任务二　智能建筑基础知识

【任务描述】

（1）了解信息传输和电话网络技术；
（2）掌握计算机控制和智能系统集成技术；
（3）掌握传感器技术，并了解常见入侵探测器种类。

【相关知识】

一、计算机控制技术

20 世纪 90 年代以来，通信网络技术日新月异，出现了光纤通信技术、多媒体通信技术、高速计算机网络及网络互联技术、接入网技术、智能网技术。可视电视、可视图文、视频会议、XDSL 和以太网宽带接入等新的通信业务不断推出，使得智能建筑中通信网络内容十分丰富。计算机控制技术是计算机技术和自动控制技术相结合的产物，是构成智能建筑设备自动化系统的核心技术之一，因此，建筑智能化离不开计算机控制技术的支持。

计算机控制系统采用反馈构成闭环控制系统，其系统框图见图 1-2。

控制元件将被控对象的测量值反馈到输入端，并将其与给定值进行比较后得到的偏差信号送到控制器，控制器分析判断后经执行机构对被控对象进行调解，直到被控参数满足预定要求。

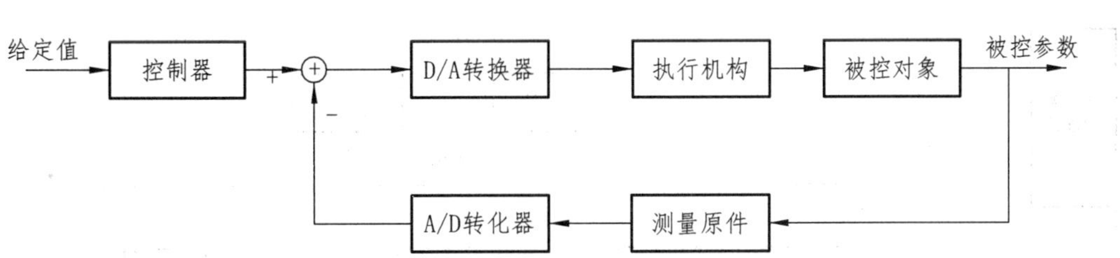

图 1-2 计算机控制系统框图

计算机控制系统的控制过程通常有下述两个步骤：一是数据采集，即对被控参数的瞬时值进行检测，并输送给计算机；二是控制，即对采集到的被控参数进行分析，并按一定的动态指标进行工作，并且对被控参数和设备自身的异常状态及时监督和迅速处理。

计算机控制系统分为集中式系统、集散式系统和现场总线控制系统。集中式系统是指由单一的计算机控制系统的所有功能以及对所有的被控对象实施控制的一种系统结构。集散式系统是指系统被分配到被控设备处，现场完成对控制设备的检测与控制任务，特点是集中管理、分散控制，克服了集中控制带来的局限性。现场总线控制系统是指通过现场总线网络连接成系统，实现综合自动化的功能；同时把分散式的结构变成全分布式结构，把控制功能放到现场，依靠智能设备自身实现基本控制功能。

二、智能系统的集成技术

系统集成（System Integration）在《智能建筑设计标准》中的定义是：将智能建筑内不同功能的智能化子系统在物理上、逻辑上和功能上连接在一起，以实现信息综合、资源共享。系统集成，通俗地理解就是把构成智能化建筑的各个主要系统从各个分离的设备、功能、信息等集成在一个相互关联的、统一的和协调的系统之中，使资源达到充分共享，来实现智能建筑的总体优化目标。

楼宇智能化的系统集成（IBMS）是指将建筑内的建筑设备监控系统（BAS）、安全防范系统（门禁系统、网络监视系统、防盗报警系统）、智能消防系统（FAS）、背景音乐及紧急广播系统等集成到统一的平台上，从而达到集中管理，分散控制的目的。由此可见，智能大厦系统集成不仅仅是简单的堆砌，它不是把各种技术和系统拿来放在一起进行演示的展示台，而是指在一个大系统环境中，为了整个系统的协调和优化，将智能建筑中分离的设备、功能和各种信息通过计算机网络集成为一个相互关联的、统一协调的系统，实现信息、资源、任务的重组和共享，创造一个安全、舒适、高效、便利的工作环境和生活环境。

1. 集散式控制系统

集散式控制系统又名分布式控制系统（Distributed Control Systems，DCS），是采用集中管理、分散控制策略的计算机控制系统，它以分布在现场的控制器完成对被控设备的实时控制、监测和保护任务，具有强大的数据处理、显示、记录及显示报警等功能。建筑设备集散控制系统的结构由三级构成，如图 1-3 所示。

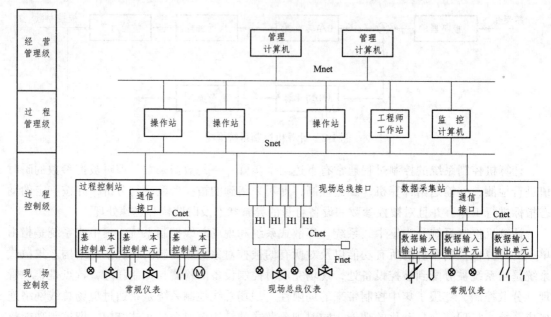

图 1-3　集散式建筑设备监控系统结构

1）现场控制级

现场控制级是由现场控制装置（又称现场控制器）、检测装置、执行装置及现场通信网络组成，是对单个设备进行自动化控制，具体功能由安装在被控设备上的各种检测执行装置和现场附近的控制器来完成。

（1）现场控制级的主要组成有：

① 现场控制器。

现场控制器在体系结构中又被称为下位机，是以功能相对简单的工业控制计算机、微处理器或微控制器为核心，具有多个 DO，DI，AI，AO 通道，可与各种低压控制电气、检测装置（如传感器）、执行调节装置（如电动阀门）等直接相连的一体化装置，用来直接控制被控设备对象（如给水排水、空调、照明等），并且能与中央控制管理计算机通信。

现场控制器本身具有较强的运算能力和较复杂的控制功能，其内部有监控软件，即使在上位机发生故障时，仍可单独执行监控任务。

② 检测执行装置。

建筑设备通常包括给水排水设备、暖通空调设备、供电照明设备、电梯设备等，这些设备称之为现场被控设备。现场被控设备与现场控制器之间的信息传递通过大量安装在现场设备系统上的检测执行装置来完成。检测执行装置包括：

· 检测装置，主要指各种传感器，如温度、湿度、压力、压力差、液位等传感器。

· 调节执行装置，如电动风门执行器、电动阀门执行器等。

· 触点开关，如继电器、接触器、断路器等。

（2）现场控制级的主要任务有：

① 对设备实时监测和诊断。

系统内部预先设定主要设备的故障处理方法、经验案例和当前建议，当设备出现故障告警提示时，系统会自动弹出操作页面，向操作人员详细说明当前设备故障告警的状态及严重性，并给出最近一段时间内设备运行状况分析图及故障分析图，以方便维修人员更准确地确定设备故障原因。

② 执行控制输出。

根据控制组态数据库、控制算法模块来实施连续控制、顺序控制和批量控制。

2）监视控制级

监控级由一台或多台通过局域网相联的计算机构成，作为现场控制器的上位机，监控计算机可分为以监控为目的的监控计算机和以改进系统功能为目的的操作计算机。

（1）监控计算机。

通过主控台的大屏幕能实时动态地显示整个系统的网络运行状况及各个子系统的工作状况，每个子系统一个主画面，含多层功能画面；在主控台能对各子系统流程进行监视，能及时对系统内的故障进行预警和报警，预警和报警的阈值可自行设定；在主控台能迅速准确地诊断出计算机网络系统的故障并排除之；对于控制系统的故障，能及时发现并准确定位。

（2）操作计算机。

面向工程师管理人员，也可称为工程师站。其主要功能是对分散控制系统进行离线配置和组态，对组态的在线修改功能，如上下限设定值的改变、控制参数的调节、对某个检测点或若干个检测点甚至是对某个现场控制器的离线直接操作等；另一功能是对分散控制系统本身的运行状态进行监视，包括各个现场控制器的运行状态、各监控站的运行情况、网络通信状态等。

3）管理级

中央管理级是以中央控制室操作站为中心，辅以打印机、报警装置等外部设备组成。其主要功能为：实现数据记录、存储、显示和输出，优化控制和优化整个集散控制系统的管理调度，实施故障报警、事件处理和诊断，实现数据通信。

中央管理计算机与监控分站计算机的组成基本相同，但是它的作用是对整个系统的集中监视和控制。需要指出的是，并不是所有的集散式控制系统都具有三层功能，大多数中小规模系统只有一、二层，而大规模系统才有第三层。

在建筑物中，需要实时监测和控制的设备具有品种多、数量大和分布范围广的特点。几十层的大型建筑物，建筑面积多达十多万平方米，有数千台设备分布在建筑物的内外。对于这样一个规模庞大、功能综合、因素众多的大系统，要解决的不仅仅是各子系统的局部优化问题，而是一个整体综合优化问题。若采用集中式计算机控制，所有现场信号都要集中于同一个地方，由一台计算机进行集中控制。这种控制方式虽然结构简单，但功能有限且可靠性不高，不能适应现代建筑物管理的需要。集散式控制以分布在现场被控设备附近的多台计算机控制装置完成被控设备的实时监测、保护与控制任务，克服了集中式计算机带来的危险性高度集中和常规仪表控制功能单一的局限性。集散式控制充分体现了集中操作管理、分散控制的思想，在建筑设备自动化系统中得到了广泛应用。

2. 现场总线式控制系统

上述的集散式控制系统，在一定程度上实现了分散控制的要求，可以用多个基本控制器作为现场控制器分担整个系统的控制功能，分散了危险性，但现场控制器本身仍然是集中式结构，一旦现场控制器出故障，影响面仍然比较大。人们向往控制结构的进一步分散化，得到更大的灵活性以及更低的成本。

随着微电子学和通信技术的发展，过程控制的一些功能进一步分散下移，出现了各种智能现场仪表。这些智能传感器、执行器等不仅可以简化布线，减少模拟量在长距离输送过程中的干扰和衰减的影响，而且便于共享数据以及在线自检。因此，现场总线是适应智能仪表发展的一种计算机网络，它的每个节点均是智能仪表或设备，网络上传输的是双向的数字信号。典型的现场总线系统如图 1-4 所示。

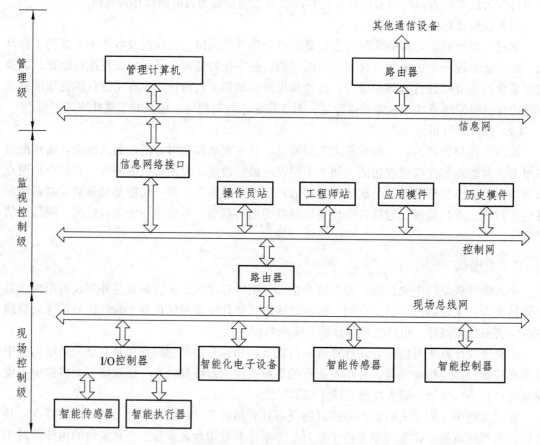

图 1-4　典型的现场总线结构

概括起来，现场总线技术具有如下一些特点：

（1）现场总线把处于设备现场的智能仪表（智能传感器、智能执行器等）连成网络，使控制、报警、趋势分析等功能分散到现场级仪表，这必将使得控制结构进一步分散，导致控制系统体系结构的变化。

（2）每一路信号都需要一对信号线的传统方式被一对现场总线所代替，节约了大量信号电缆，简化了仪表信号线的布线工作，降低了电缆安装、保养费用；而且传输信号的数字化使得检错、纠错手段得以实现，这又极大地提高了信号转换精度和可靠性。因此，现场总线具有很高的性能价格比。

（3）符合同一现场总线标准的不同厂家的仪表、装置可以联网，实现互操作，不同标准通过网关或路由器也可互联，现场总线控制系统是一个开放式系统。

三、通信技术

（一）信息传输技术

1. 智能楼宇信息传输网络的功能需求

（1）支持楼宇自动化、办公自动化、系统集成等业务需求的数据通信。

（2）支持建筑物内部有线电话、有线电视、电信会议等语音和视频图像通信。

（3）支持各种广域网连接，包括具有与国际互联网、公用电话网、公用数据网、移动通信网、电视传输网等连接的接口。也支持各种专用广域网连接，如政府办公网、金盾网、金税网等。

（4）支持建筑物内部多种业务通信需求，支持多媒体通信需求，具有相当的面向未来传输业务的冗余。

2. 智能楼宇网络功能及传输对象

（1）能与全球范围内的终端用户进行多种业务的通信功能。支持多种媒体、多种信道、多种速率、多种业务的通信，如（可视）电话、互联网、传真、视频会议、VOD、IPTV、VOIP 等。

（2）完善的通信业务管理和服务功能。比如，可以对通信设备增删、搬迁、更换和升级的综合布线系统，保障通信安全可靠的网管系统等。

（3）信道冗余功能。在应对突发事件、自然灾害时通信更加可靠。

（4）新一代基于 IP 的多媒体高速通信网、光通信网是未来新的通信业务支撑平台。

智能楼宇的信息传输网络是一个通信网络集成系统，目前还是多网并存的格局。从网络技术的角度，可分为电话网和计算机网两大类；从互联网的角度，可分为内部专用网、保密网和公用网；从应用功能方面，又可分为现场控制网、集中管理网、消防网、安防网、公用信息网、保密网、音视频网等；从信号的传输角度，又分为模拟传输网和数字传输网。任何一个智能楼宇的信息传输网络都是多个网络的集成系统，如图 1-5 所示。

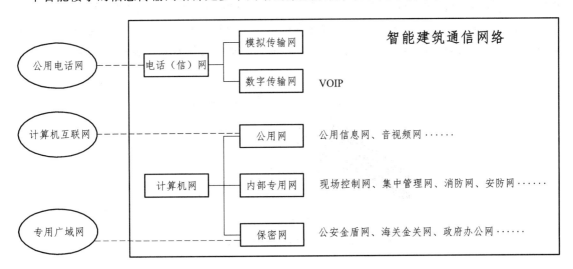

图 1-5　智能楼宇的信息传输网络

3. 传输介质

1）双绞线

双绞线是最常用的一种传输介质，既可以用来传输模拟信号（电话网、视频信号），又是计算机局域网中常用的一种传输介质。双绞线一般由两根 22～26 号绝缘铜导线相互缠绕而成，"双绞线"的名字也是由此而来。实际使用时，双绞线是由多对双绞线一起包在一个绝缘电缆套管里的。双绞线的实物与结构如图 1-6 所示。

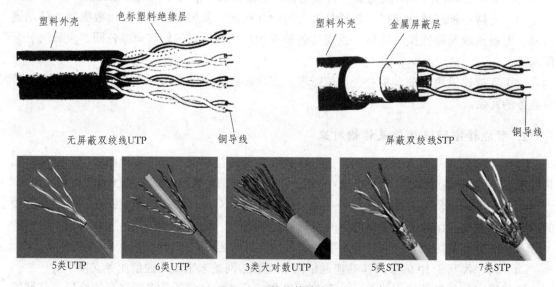

图 1-6　双绞线传输介质

2）同轴电缆

同轴电缆是指有两个同心导体，而导体和屏蔽层又共用同一轴心的电缆。最常见的同轴电缆由绝缘材料隔离的铜线导体组成，在里层绝缘材料的外部是另一层环形导体及其绝缘体，然后整个电缆由聚氯乙烯或特氟纶材料的护套包住。同轴电缆实物如图 1-7 所示。

同轴电缆在智能楼宇中主要用于有线电视网的传输介质，在它上面可以开通视频图像通信和交互式信息服务。在闭路电视监控系统中，也大量使用同轴电缆传递视频信号。

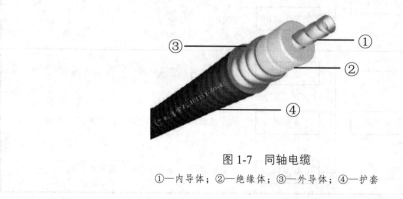

图 1-7　同轴电缆

①—内导体；②—绝缘体；③—外导体；④—护套

3）光纤

光纤（见图 1-8）即为光导纤维的简称，是能传导光波的一种媒质。光纤利用光的全反射来传输携带电信号的光线，光波覆盖可见光频谱和部分红外频谱。光纤具有传输容量大（目前可达 6 400 Gb/s）、损耗低、线径细、质量轻、不受电磁干扰等优点。在智能建筑中，光纤是计算机网络的干线传输介质。

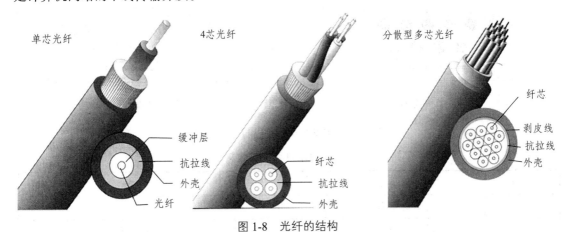

图 1-8　光纤的结构

4）无线传输介质

无线传输介质就是无限电磁波，存在于人们周围的空间。无线传输所使用的视频很广。现在广泛应用的 IEEE 802.11 无线局域网（WiFi）使用微波信道（2.4 ~ 11 GHz）来传输数据。WiFi 不受硬件芯片和操作系统的影响，连接速度快，可以一对多连接，还可直通互联网。蓝牙技术是一种无线技术标准，可实现固定设备、移动设备和楼宇个人域网之间的短距离数据交换。蓝牙技术最初由电信巨头爱立信公司于 1994 年创制，当时是作为 RS-232 数据线的替代方案。近场通信（Near Field Communication，NFC）是一种短距高频的无线电技术，在 13.56 MHz 频率运行于 10 cm 距离内。

4. 传输方式

1）RS-232

RS-232 是 PC 机与通信工业中应用最广泛的一种串行接口。它是由电子工业协会（Electronic Industries Association，EIA）所制定的异步传输标准接口。RS-232 被定义为一种在低速率串行通信中增加通信距离的单端标准。RS-232 采取不平衡传输方式，即所谓单端通信。

通常 RS-232 接口以 9 个引脚（DB-9）或是 25 个引脚（DB-25）的形态出现，一般个人计算机上会有两组 RS-232 接口，分别称为 COM1 和 COM2，如图 1-9 所示。

9 个引脚 RS-232 接口　　　　　　　　25 个引脚 RS-232 接口

图 1-9　RS-232 接口

RS-232 插头分为公头和母头，计算机一般使用的是公头。公头与母头的针脚排列如图 1-10 所示，DB-9 各引脚定义见表 1-2。

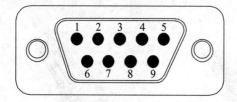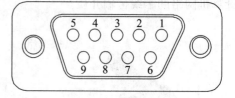

公头针脚排列 母头针脚排列

图 1-10   DB-9 公头与母头的针脚排列

表 1-2   DB-9 各引脚定义

针脚	信号输出自	缩写	描述
1	调制解调器	CD	载波检测
2	调制解调器	RXD	接收数据
3	计算机	TXD	发送数据
4	计算机	DTR	数据终端准备好
5	公共地	GND	信号地
6	调制解调器	DSR	通信设备准备好
7	计算机	RTS	请求发送
8	调制解调器	CTS	允许发送
9	调制解调器	RI	响铃指示器

当不使用硬件流控时，只需连接 TXD1 与 RXD2，RXD1 与 TXD2，GND1 与 GND2，即可实现基本的串口通信功能，其连接如图 1-11 所示。

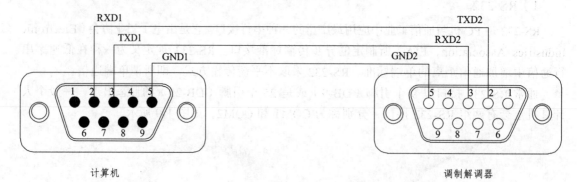

计算机 调制解调器

图 1-11   DB-9 公母头连接

2）RS-422

RS-422 由 RS-232 发展而来，它是为弥补 RS-232 的不足而提出的，为改进 RS-232 通信距离短、速率低的缺点。RS-422 标准的全称是"平衡电压数字接口电路的电气特性"，它定义了接口电路的特性。图 1-12 是典型的 RS-422 四线接口。实际上它还有一根信号地线，共 5

根线。由于接收器采用高输入阻抗和发送驱动器比 RS-232 更强的驱动能力，故允许在相同传输线上连接多个接收节点，最多可接 10 个节点。即一个主设备（Master），其余为从设备（Salve），从设备之间不能通信，所以 RS-422 支持点对多的双向通信。接收器输入阻抗为 4 kΩ，故发端最大负载能力是 $10 \times 4 \text{ k}\Omega + 100 \text{ }\Omega$（终接电阻）。RS-422 四线接口由于采用单独的发送和接收通道，因此不必控制数据方向，各装置之间任何必需的信号交换均可以按软件方式（XON/XOFF 握手）或硬件方式（一对单独的双绞线）实现。

RS-422 的最大传输距离为 4 000 ft（约 1 219 m），最大传输速率为 10 Mb/s。其平衡双绞线的长度与传输速率成反比，在 100 kb/s 速率以下，才可能达到最大传输距离。只有在很短的距离下才能获得最高速率传输。一般 100 m 长的双绞线上所能获得的最大传输速率仅为 1Mb/s。

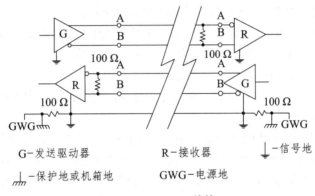

图 1-12　RS-422 四线接口

3）RS-485

RS-485 是在 RS-422 的基础上发展而来的，所以 RS-485 许多电气规定与 RS-422 相仿。如都采用平衡传输方式、都需要在传输线上接终接电阻等。RS-485 可以采用二线与四线方式，二线制可实现真正的多点双向通信。而采用四线连接时，与 RS-422 一样只能实现点对多的通信，即只能有一个主（Master）设备，其余为从设备，但它比 RS-422 有改进，无论四线还是二线连接方式，总线上最多可接到 32 个设备。RS-485 与 RS-422 的不同还在于其共模输出电压是不同的，RS-485 在 -7 ~ 12 V，而 RS-422 在 -7 ~ 7 V。RS-485 需要 2 个终接电阻，其阻值要求等于传输电缆的特性阻抗。在矩距离传输时可不需终接电阻，即一般在 300 m 以下不需终接电阻。终接电阻接在传输总线的两端。RS-485 接口如图 1-13 所示。

图 1-13　RS-485 接口

4）RS232 与 RS485 的区别

RS232 接口标准出现较早，存在一些不足之处，主要有以下几点：

（1）接口的信号电平值较高，易损坏接口电路的芯片，又因为与 TTL 电平不兼容故需使用电平转换电路方能与 TTL 电路连接。

（2）传输速率较低，在异步传输时，波特率为 20 Kb/s。

（3）接口使用一根信号线和一根信号返回线而构成共地的传输形式，容易产生共模干扰，所以抗噪声干扰性弱。

（4）传输距离有限，最大传输距离标准值为 50 ft（约 15 m），实际上也只能用在 50 m 左右。

针对 RS-232 接口的不足，于是就不断出现了一些新的接口标准，RS-485 就是其中之一，它具有以下特点：

（1）RS-485 的电气特性：逻辑"1"以两线间的电压差为+（2～6）V 表示；逻辑"0"以两线间的电压差为-（2～6）V 表示。接口信号电平比 RS-232 降低了，就不易损坏接口电路的芯片，且该电平与 TTL 电平兼容，可方便与 TTL 电路连接。

（2）RS-485 的数据最高传输速率为 10 Mb/s。

（3）RS-485 接口是采用平衡驱动器和差分接收器的组合，抗共模干能力增强，即抗噪声干扰性好。

（4）RS-485 接口的最大传输距离标准值为 4 000 ft（约 1 219 m），实际上可达 3 000 m，另外 RS-232 接口在总线上只允许连接 1 个收发器，即单站能力。而 RS-485 接口在总线上是允许连接多达 128 个收发器，即具有多站能力，这样用户可以利用单一的 RS-485 接口方便地建立起设备网络。

（二）电话网络技术

1. 智能楼宇内电话网应用需求

（1）适应建筑物的业务性质、使用功能和安全条件，并满足建筑物内语音、传真、数据等通信要求。

（2）系统的容量、出入中继线数量及中继方式等按使用需求确定，并应留有富余量。

（3）应具有拓宽电话交换系统与建筑业务相关的其他增值应用的功能。

（4）智能建筑内消防专用电话网络应为独立的消防通信系统，消防控制室应设置专用的电话总机。

2. PABX

PABX 是当前构建智能化建筑内电话网的主流技术。VoIP 是利用计算机网络进行语音（电话）通信的技术，是一种有广阔前景的数字化语音传输技术。PABX 的基本功能包括呼出外线、外线呼入、转接外线来话和内部通话等，内部通话不经过市话网，故不发生电话费用。PABX 组网方式见图 1-14。

3. VoIP

VoIP（Voice over Internet Protocol）是将模拟声音信号数字化、以 IP 数据包的形式在计算机网络上进行传输的技术。VoIP 对传输有实时性的要求，是一种建立在 IP 技术上的分组化、数字化语音传输技术。其原理见图 1-15。

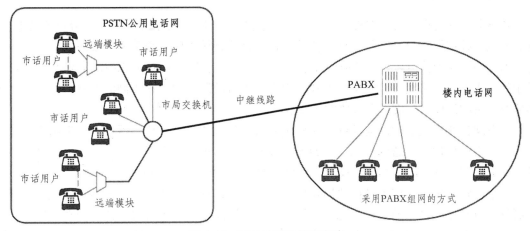

图 1-14 采用 PABX 组网方式

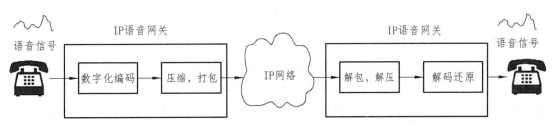

图 1-15 VoIP 的基本原理

4. CTI

CTI（Computer Telephony Integration，计算机电话集成，现已发展为 Computer Telecommunication Integration，计算机通信集成）是一种能提供人与计算机之间通过电话系统进行通信的技术。其结构见图 1-16。CTI 是电信与计算机相结合的技术，它们的结合点就是电话语音卡。各类电话语音卡是 CTI 应用系统的硬件基础，其作用就相当于计算机针对 PSTN 的专用接口，大致分为三类：模拟接口语音卡、数字中继语音卡、其他专用功能卡。

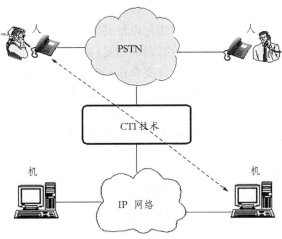

图 1-16 人-机通信的桥梁 CTI

四、传感器技术

传感器技术是探测与获取外界信息的重要手段，在当代科学技术中占有十分重要的地位。随着测量、控制及信息技术的发展，传感器作为这些领域里的一个重要构成因素，被视为关键技术之一，受到普遍重视，其应用几乎渗透到每一个角落。深入研究传感器的原理和应用，对于社会生产、经济交往、科学技术和日常生活中自动测量和自动控制的发展，以及人类观测研究自然的深度和广度都有重要的实际意义。

随着现代科技技术的高速发展，人们生活水平的迅速提高，传感器技术越来越受到普遍的重视，它的应用已渗透到国民经济的各个领域。目前传感器主要应用在工业生产过程的测量、汽车电控系统、医学、环境检测、军事、家电、智能建筑等领域。

在智能建筑中，应用大量传感器及执行机构设备，在智能楼宇内对各种物理量的检测与控制的执行和这些设备的运行状态是密切相关的。智能建筑是未来建筑的一种必然趋势，它涵盖智能自动化、信息化、生态化等多方面的内容，具有微型集成化、高精度与数字化和智能化特征的智能传感器将在智能建筑中占有重要的地位。

1. 传感器的定义

在自动化控制系统中需要采用微电子技术对各种参数进行检测。这些参数可以分为两大类：一类是电压、电流、阻抗等电量参数，将电量转换为适于传输或测量电信号的器件，通常称为变送器；另一类则是温度、湿度、压力、流量等非电量参数。要对这些非电量参数进行检测，必须运用一定的转换手段，把非电量转换为电量，然后再进行检测。将非电量转换为适于传输或测量电信号的器件，通常称为传感器。

所谓适于传输或测量的电信号，通常是指电压、电流等电量信号，这些信号可以非常方便地进行传输、转换、处理和显示。建筑设备控制系统所用传感器传输的电信号一般情况下就是一个 $0 \sim 5$ V 的直流电压或 $4 \sim 20$ mA 的电流，这个范围的电信号是可以直接送给控制器 DDC 的 AI 输入端。

目前，传感器技术趋于集成化、多功能化与智能化。传感器集成化包括两种定义：一是同一功能的多元件并列化，即将同一类型的单个传感元件用集成工艺在同一平面上排列起来，目前，各类集成化传感器已有许多系列产品，有些已得到广泛应用。集成化已经成为传感器技术发展的一个重要方向。传感器的多功能化也是其发展方向之一，多功能化不仅可以降低成本，减小体积，而且可以有效地提高传感器的稳定性、可靠性等性能指标。为同时测量几种不同的被测参数，可将不同的传感器元件复合在一起，做成集成块。除可同时进行多参数的测量外。还可对这些参数的测量结果进行综合处理和评价，可反映出被测系统的整体状态。借助于半导体集成化技术把传感器部分与信号预处理电路、输入/输出接口、微处理器等制作在同一块芯片上，即成为大规模集成智能传感器。典型传感器如图 1-17 所示。

红外二氧化碳传感器　　温度传感器　　　红外传感器

图 1-17　各种传感器

2. 传感器的构成

传感器是指那些对被测对象的某一确定的信息具有感受（或响应）与检出功能，并使之按照一定规律转换成与之对应的可输出信号的元器件或装置的总称。传感器一般由敏感元件、转换元件、变换电路和辅助电源四部分组成，如图 1-18 所示。

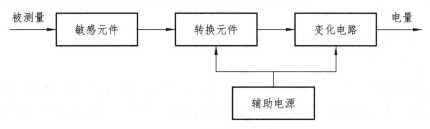

图 1-18 传感器的组成

敏感元件直接感受被测量，并输出与被测量有确定关系的物理量信号；转换元件将敏感元件输出的物理量信号转换为电信号；变换电路负责对转换元件输出的电信号进行放大调制；转换元件和变换电路一般还需要辅助电源供电。

3. 传感器的分类

按传感器检测的物理量分类：力学量、热学量、流体量、光学量、电量、磁学量、声学量、化学量、生物量等传感器。

传感器从不同角度分为不同类型，一般分法见表 1-3。

表 1-3 传感器的分类

分类法	型式	说明
按基本效应分	物理型、化学型、生物型等	以转换中的物理效应、化学效应等命名
按构成原理分	结构型	以结构参数变化实现信号转换
	物性型	以物理特性变化实现信号转换
按能量关系分	能量转换型（自源型）	传感器输出量直接由被检测能量转换而得
	能量控制型（外源型）	输出量由外电源供给，但受被测输入量控制
按作用原理分	应变式、电容式、压电式、热电式	以传感器对信号转换的作用原理命名
按输入量分	位移、压力、温度、流量、气体等	以被测量命名（即按用途分类法）
按输出量分	模拟式	输出量为模拟信号
	数字式	输出量为数字信号

传感器可以直接接触被测对象，也可以不接触。针对传感器的工作原理和结构在不同场合均需要的基本要求是：灵敏度高、抗干扰的稳定性、线性、容易调节、精度高、可靠性高、无迟滞性、工作寿命长、可重复性、抗老化、响应速率高、抗环境影响、互换性、成本低、测量范围宽、尺寸小、质量小和强度高、工作范围宽等。

五、入侵探测器

入侵探测器是对入侵或者企图入侵的行为进行探测做出的响应并产生报警状态的装置。

通常由传感器、信号处理器和输出接口组成。入侵者在实施入侵行为时总要发出声响、振动、阻断光路、对地面或某些物体产生压力、破坏原有温度场发出红外光等物理现象，入侵探测器中的传感器就是利用某些材料对这些现象思维敏感性而将其感知并转换为相应的电信号和电参量（电压、电流、电阻、电容等）。处理器则对电信号进行放大、滤波、整形后成为有效的报警信号。

1. 入侵探测器的分类方式

1）按照探测原理

按照探测原理可分为：主动红外入侵探测器、被动红外入侵探测器、微波入侵探测器、超声波入侵探测器、振动入侵探测器、声波入侵探测器、磁开关入侵探测器、压力/重力入侵探测器等。

2）按用途和使用场合

按用途和使用场合可分为：户内型入侵探测器、户外型入侵探测器、周界入侵探测器和重点物体防盗探测器等。

3）按探测器警戒范围

按探测器警戒范围可分为：点控制型探测器、线控制型探测器、面控制型探测器以及空间控制型探测器。

4）按照探测器工作方式

按照探测器工作方式可分为：主动式探测器和被动式探测器。

主动式探测器在工作时要向探测现场发出某种形式的能量，经反射或直射在接收传感器上形成一个稳定信号，当出现入侵情况时，稳定信号被破坏，输出带有报警信息，经处理后发出报警信号。

被动入侵探测器在工作时不需要向探测现场发出信号，依靠被测物体自身的能量进行检测。平时，在传感器上输出一个稳定信号，当出现入侵情况时，稳定信号被破坏，输出带有报警信息，经处理后发出报警信号。

5）按探测信号传输方式

按探测信号传输方式可分为：有线探测器和无线探测器。

2. 常用入侵探测器

1）门磁开关

门磁开关由一个条形永久磁铁和一个常开触点的干簧管继电器组成。把干簧管装在被监视房门或者窗门的门框边上，把永久磁铁装在门扇边上。由于磁场的穿透性，门磁开关可以隐蔽安装在非磁铁材质的门或窗的框边内，不易被入侵者发现和破解，所以在工程中被广泛用于门或窗的开闭状态探测器。

2）主动式红外探测器

主动红外入侵探测器由红外发射机和红外接收机组成，当发射机与接收机之间的红外光束被完全遮断或者按照给定百分比遮断时产生报警信号。主动红外入侵探测器最短遮光时间范围是 30～600 ms。在实际应用中需要根据具体情况进行设定，以减少系统的误报警。在室外使用时，要选用多光束主动红外入侵探测器，以减少小鸟、落叶等引起的系统误报警。

3）被动式红外入侵探测器

被动式红外入侵探测器的核心器件是热释红外线传感器，它对人体辐射的红外线非常敏感，不需要附加红外线辐射光源，由探测器直接探测来自目标的红外辐射，因此有被动之称。

4）微波、被动红外双鉴入侵探测器

当前最常用的入侵探测器如图 1-19 所示。微波探测器对活动目标最为敏感，因此其防护范围内的窗帘飘动、小动物活动等都可能触发报警，而被动式红外入侵探测器对热源目标最为敏感，也可能因防护区内不断变化红外辐射的物体如空调、暖气、电炉等引起误报警，为克服这两种探测器的误报因素，因此将这两种探测器组合在一起成为双鉴入侵探测器。这样探测器的触发条件发生了根本性的变化，入侵目标必须是移动的，又能不断辐射红外线时才能产生报警，使整机的可靠性得以大幅度提高。

（a）室内型　　　　　（b）室外型　　　　（c）前端探测器

图 1-19　微波红外双鉴入侵探测器实物图

5）声控入侵探测器

可闻声范围内的撬、砸、锯、铲、拖等可疑声音都被安装在保护现场的拾音器拾取，当达到一定响度（以分贝计）时可触发报警。另一种是高音频的玻璃破碎声才会引起报警，其他可听声音不报警。声音报警器的优点是造价便宜，控制面积大，缺点是误报率高，因此只适用较为安静的环境。

6）其他入侵探测器

触摸感应式入侵探测器常用导电布、导电膜或金属线将保险柜、文物柜或其他贵重物品、展品保护起来。有人要触及即能引起报警。感应式探测器主要用于金属导线布防，警戒范围可以适当扩大，不让人们靠近和触摸文物展品。此产品的优点是布防机动灵活，范围可大可小，缺点是由于受环境湿度、温度影响较大，灵敏度要经常调整。

3. 入侵探测器的选用

在各种入侵报警系统中，主要差别在于探测器的应用，而探测器的选用主要依据是保护对象的重要程度、保护范围的大小、保护对象的特点和性质，如防人进入某个区域活动，可采用移动探测器或者被动红外线报警装置，或者采用双鉴入侵探测器。对于风险等级和防护等级比较高的场合，报警系统必须采用多种不同探测技术组成入侵探测系统来克服或者减少某些意外情况导致的误报警，同时加装音频和视频复核装置，当系统报警时，启动音频和视频复核装置工作，对报警区进行声音和视频图像的复核。

思考与练习题

一、填空题

1. 智能建筑的 3S 系统包含_____、_____、_____。

2. 智能楼宇的信息传输网络是一个通信网络集成系统，从网络技术的角度，可分为_____和_____两大类。

3. 现在广泛应用的 IEEE 802.11 无线局域网_____使用微波信道（2.4 ~ 11 GHz）来传输数据。

4. RS-232 是 PC 机与通信工业中应用最广泛的一种_____接口。

5. 计算机控制系统分为_____、_____和_____。

6. 传感器一般由_____、_____和_____三部分组成。

7. 门磁开关安装是把干簧管装在被监视房门或者窗门的门框边上，把永久磁铁装在_____边上。

8. 主动红外入侵探测器由红外发射机和红外接收机组成，当发射机与接收机之间的红外光束被完全遮断或者按照给定百分比遮断时产生_____。

二、简答题

1. 智能楼宇有哪些基本功能？
2. 什么是智能建筑的 3S 系统？
3. 传感器的作用是什么？
4. 楼宇智能化系统的关键技术有哪些？

第二章　智能建筑设备监控管理系统

（1）掌握建筑给排水、暖通空调系统和建筑电气监控系统的结构和功能；

（2）掌握建筑设备监控管理系统常用控制器、执行器、传感器的安装要求。

（1）会分析给排水、暖通空调、供配电系统监控功能；

（2）能绘制建筑设备监控原理图，编制监控点表，并能选择相关控制器、传感器及执行器。

建筑设备监控管理系统是智能建筑不可缺少的重要组成部分，其任务是对建筑物内部的能源使用、环境、交通及安全设施进行监测、控制与管理，以提供一个安全可靠、舒适、节能的工作或居住环境。智能建筑设备监控管理系统通常包括建筑物内的供配电、照明、电梯、暖通空调、给排水等子系统，如图 2-1 所示。

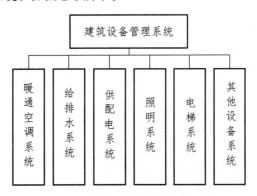

图 2-1　建筑设备管理系统的组成

建筑设备管理系统的监控功能如下：

（1）自动监视并控制智能建筑中的各种机电设备的启动/停止，显示它们的运行状态。

（2）自动检测、显示、打印各种设备的运行参数及其变化趋势或历史数据，如温度、湿度、流量、压差、电流、电压、用电量等。当参数超过正常范围时，自动实现超限报警。

（3）根据外界条件、环境因素、负载变化等情况，自动调节各种设备，使其始终运行在最佳状态。如照明系统可以根据室外天气和室内情况，自动调节室内灯光。空调设备可以根据气候变化、室内人员的多少进行自动调节，自动优化到既节约能源又让人感觉舒适的最佳状态。

（4）实现对建筑物内各种设备的统一管理、协调控制。如火灾发生时，不仅消防系统必须立即启动投入，而且整个建筑内的所有相关系统都将自动转换方式、协同工作：供配电系统要立即切断普通电源，确保消防电源；空调系统要自动停止通风，启动排烟风机；电梯系统自动停止使用普通电梯并自动降到底层，自动启动消防电梯；照明系统自动接通事故照和避难诱导灯；有线广播系统自动转到紧急广播、指挥安全疏散等。整个建筑设备自动化系统将自动实现一体化的协调运转，以使火灾的损失降低到最小。

（5）设备管理：对建筑物内的所有设备建立档案、设备运行报表和设备维修管理等，充分发挥设备的作用，提高使用效率。

（6）能源管理。自动进行对水、电、气等的计量与收费，实现能源管理自动化。自动提供最佳能源控制方案。自动监测、控制用电设备以实现节能，如下班后及节假日室内无人时，自动关闭空调及照明等。

（7）楼宇物业智能化管理。依托 3A 系统和相关的设备系统，实现对业主信息、报修、收费、综合服务等的计算机网络化管理，以完善业主的生活、工作环境和条件，充分发挥智能物业的价值。

任务一　给排水监控系统

【任务描述】

（1）了解室内给水和排水的方式；
（2）掌握建筑给水和排水系统的组成；
（3）能分析给水和排水系统监控功能需求，绘制监控原理图和监控点表。

【相关知识】

一、建筑给水系统组成及其工作原理

给水系统是指通过管道及设备，按照建筑物和用户的生产、生活和消防的要求，有组织地输送到用水点的网络。其任务是将用水管网的水经济合理、安全可靠地输送到各个需要供水的地方，并满足建筑物和用户对水质、水量、水压、水温的要求。

1. 建筑给水系统的组成

室内给水系统按用途可分为生活给水系统、生产给水系统、消防给水系统三类。生活给水系统是专供饮用、烹饪、洗涤、沐浴及冲洗器具等生活上的用水系统。生产用水系统是供生产场所生产设备用水的系统。消防给水系统又分为消火栓系统和自动喷洒灭火系统，是用

于消防灭火，对水质无特殊要求。

室内给水系统的组成（见图 2-2）分为以下几个部分。

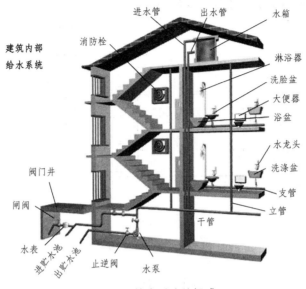

图 2-2 给水系统的组成

1）引入管

建筑物的总进水管，它是城市给水管网（配水管网）与建筑给水系统的连接管道。其作用是将水从室外给水管网引入室内给水系统。

2）给水管道

给水管道分为干管、立管、支管。干管是水平管道，连接引入管和各个立管；立管是向各楼层供水的垂直管道；支管是立管后续的、各楼层的水平水管及家庭立管，直接供各用水点的用水。

3）给水附件

给水附件是用于调节水量、水压，控制水流方向，以及关断水流，安装于给水管路上，如闸阀、止回阀、水龙头等。

4）加压和储水设备

当外管网水压不足或室内对安全供水和稳定水压有要求时，需要设置各种辅助设备，如水泵、水池、水箱及气压给水设备等。

2. 室内给水系统的给水方式

室内给水方式是根据室内用户对水压和室外管网压力来决定的，主要有以下几种方式：

1）直接供水方式

直接供水方式如图 2-3 所示。当室外管网的水压在任何时候都能保证室内管网的最不利点所需的水压，并能保证管网昼夜所需的流量时适合采用直接供水方式。水经由引入管、给水干管和给水支管直接供到用水或配水设备，水的上行完全是在室外管网压力下工作。这种供水方式的特点是结构简单、经济、维修方便、水质不易被二次污染。但这种方式对供水管网的水压要求较高，该种方式适用于低层或多层建筑。

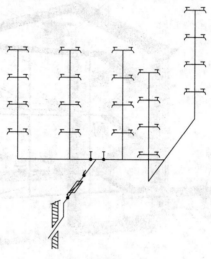

图 2-3　直接供水方式

2）单设水泵的供水方式

单设水泵的供水方式如图 2-4 所示。在供水管网的水量足够、但压力不足的情况下，在引入管上加接抽水泵，通过水泵的作用给备用水点供求，能保证各用水点的水压，对与之相连的室外给水干管有较大影响，它适用于室外供水管网的水压常低于室内所需压力、用水量较小的建筑。

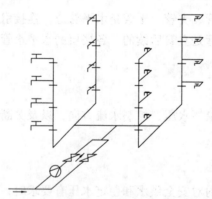

图 2-4　单设水泵的供水方式

3）水池水箱水泵联合供水的方式

水池水箱水泵联合供水的方式如图 2-5 所示。这种方式是在建筑物底部设置水池，将室外管网的水引至水池贮存，在室内最高点设置水箱，水泵将水池中的水抽升至水箱，再由水箱向各配水点供水。当外网水压经常不能满足室内用水需要，且室内用水量很不均匀时适合采用水池水箱水泵联合供水的方式。因增加了水池、水箱和水泵等设备，所以造价大大提高，同时水质也容易被污染。

在层数较多的建筑物中，为有效利用室外管网的水压，充分利用外网压力，有效节能，根据建筑物高度，将其供水分成若干供水区段，如图2-6所示。

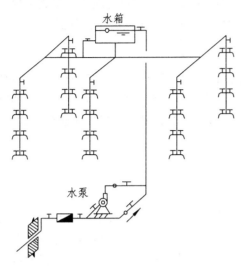

图2-5　水池水箱水泵联合供水方式

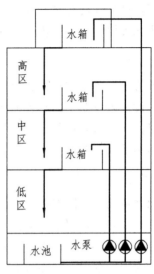

图2-6　分区供水

4）变频泵供水方式

变频泵供水方式如图2-7所示。这种方式是直接从市政供水管网中抽水，根据管网压力的变化自动控制变频器的输出频率，调节水泵电机的转速，使管网的压力恒定在设定的压力值上。

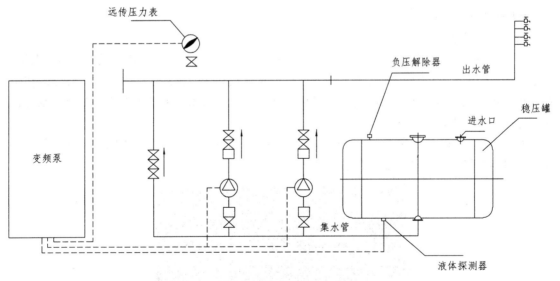

图2-7　变频泵供水方式

3. 室内给水系统常用材料及设备

1）常用管材、管件

建筑给水管材可分为金属管和非金属管两类。目前常用的金属管主要有钢管、铸铁管、铜管和不锈钢管；非金属管主要有塑料管和复合管。钢管易锈蚀、结垢和滋生细菌，而且寿命短，因此，作为传统镀锌钢管代替品的塑料管发展很快，在建筑给水系统中出现的主要是塑料管材。常用的复合管主要有铝塑管和钢塑管。复合管材兼有金属管材和非金属管材的优点。

管道配件是连接管道与管道、管道与设备等之间的部件，是管道的重要组成部分，在管道系统中起连接、变径、转向、分支等作用。常用的管件有三通、四通、管箍等。

2）给水管道附件

给水管道附件是安装在管道及设备上的启闭和调节装置的总称。一般分为配水附件和控制附件。配水附件是安装在各种用水器具上用于调节和分配水流的给水附件，常见的有水龙头、洗涤盆、污水盆和混合龙头等。控制附件即指阀门，是截断、接通流体通路或改变流向、流量及压力值的装置。

3）仪表

给水系统的主要仪表有计量水表、压力表和水位计等。

水表是一种计量用水量的仪器。使用较多的是流速式水表，其计量原理是当管道直径一定时，通过水表的水流速度与流量成正比，水流通过水表时推动翼轮转动，通过一系列联运齿轮，记录出用水量。智能水表是由流量传感器等电子检测控制系统组成，与普通水表相比增加了信号发送系统，以达到远程自动抄表的功能。

压力表是指以弹性元件为敏感元件，测量并指示高于环境压力的仪表。水位计用于自动测定并记录水体的水位的仪器。常用的水位计有浮子式水位计、气泡压力水位计、超声波水位计、雷达式水位计。

4）增压和贮水设备

（1）增压设备。

给排水系统中的增压设备有水泵和气压给水设备，应用最为广泛的增压设备是离心水泵。水泵启动前泵壳及吸水管内充满水，驱动电机，使叶轮和水高速旋转，水受到离心力的作用被甩出，由泵壳汇入压水管，叶轮中心形成真空，贮水池的水在大气压作用下被吸入泵壳，又被甩出，如此形成连续的水流输送。

水泵的铭牌如图 2-8 所示。每台水泵设备上都有一块显示其工作性能的铭牌，其参数代表水泵的基本性能。水泵的性能参数包括以下几个：

图 2-8 水泵铭牌

① 流量 Q：单位时间内所输送液体的体积，m^3/h，L/s。
② 扬程 H：水泵给予单位质量液体的能量，mH_2O，Pa。
③ 轴功率 N：水泵从电机处获得的全部功率，kW。

④ 有效功率 N_u：水泵工作时，由水泵传递给液体的功率，kW。

⑤ 总效率 η：水泵的有效功率 N_u 与轴功率 N 之比。

⑥ 转数 n：水泵叶轮每分钟旋转的转数，r/min。

⑦ 允许吸上真空高度 Hs：水泵在标准状态下（水温 20 ℃，表面压力为 1 标准大气压）运转时，水泵所允许的最大吸上真空高度，mH_2O。

（2）贮水设备。

贮水设备有贮水池和水箱。水箱设在建筑物屋顶上，具有贮存和调节水量、保证水压的作用。

二、建筑排水系统组成及其工作原理

排水系统是指通过管道及设备，把屋面雨水及生活和生产过程中的污水、废水及时排放出去的网络。

1. 室内排水系统的分类

室内排水系统按排除水的性质可分为生活污废水系统、生产污废水系统、雨水系统。

生活污废水系统是用于排除建筑内部的生活污水和生活废水，生活污水需要经化粪池局部处理后才能排入城市排水管道，而生活废水则可以直接排放。生产污废水系统是用于排除工业生产过程中产生的生产污水和生产废水，对于污染较轻的生产废水可以直接排放或是经简单处理后重复利用，对于污染较重的生产污水（如冶金、化工等），因含有大量的有毒物质、酸碱物质等污染物，必须经处理后方可排放。雨水系统是用于收集和排除建筑屋面的雨水和融雪水。

2. 室内排水系统的组成（见图 2-9）

1）污废水收集器

污废水收集器是用来收集污废水的器具，生产中指的是污废水收集器，生活中指的是卫生器具。

2）排水管道

排水管道是用来输送污废水的通道，分为排水支管、排水立管和排出管。

3）水封装置

水封装置是在排水设备和排水管道之间的一种存水设备，其作用是用来阻挡排水管道中产生的臭气，使其不致溢到室内，以免恶化室内环境。

4）通气管

通气管的作用是排除管道中产生的臭气，同时保证排水管道与大气相通，以免在排水管中因局部满流，形成负压，产生抽吸作用致使排水设备下的水封被破坏。

5）清通部件

清通部件的作用是清通排水管道，一般有检查口、清扫口和检查井。

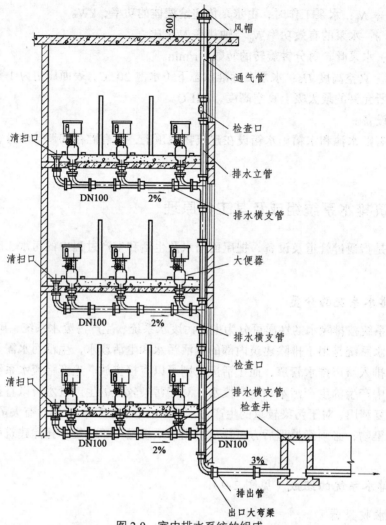

图 2-9   室内排水系统的组成

6）抽升设备

在民用和公共建筑物的地下室、人防建筑与工业建筑内部标高低于室外排水管道的标高，其污废水一般难以自流排出室外，需要抽升排泄。一般采用水泵、水射器抽升。

7）局部处理构筑物

当建筑物内的污水水质不符合排放标准时，需要在排放入市政排水系统前进行局部处理。局部处理构筑物包括集水坑、降温池、化粪池、沉沙池等。

【系统设计】

一、建筑给水系统监控

1. 单设水泵的工作流程

图 2-10 所示为单设水泵工作流程示意图。单设水泵是以城市管网作为水源，经引入管由

水泵加压后送至高位水箱，通过重力作用经配水管网给用户供水。为保证用水的连续性，高位水箱中应始终有水，但要防止水箱的供水过量而引起溢出，因此水箱的液位应控制在一定的范围内。

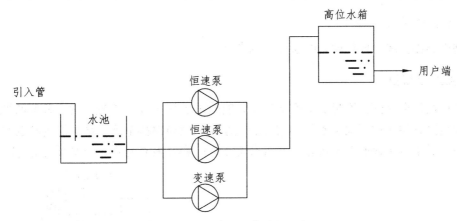

图 2-10　单设水泵工作流程示意图

建筑内用水量大且较均匀时，可用恒速水泵供水；建筑内用水不均匀时，宜采用一台或多台水泵变速运行供水，以提高水泵的工作效率。恒速水泵、变速水泵结构相同，变速泵配用变速装置，可随时调节转速，高层建筑供水中，常采用控制水泵出水管处压力恒定的方式，控制水泵转速，即恒压变速泵。调速和调流量有一定范围，应根据系统用水情况采用多台组合水泵调节。

2. 监控需求分析

监控功能需求，依据主要有各专业设计方案、业主的需求和《建筑设备监控系统工程技术规范》JGJ 334—2014 等相关标准。给水系统监控功能设置思想如下：

1）高位水箱水位控制水泵启停

当水箱中水位达到停泵水位时，水泵停止向水箱供水；当水箱中的水位下降到较低水位时，需要水泵再次启动向水箱供水。所以，水箱中要设置液位传感器，向 DDC 控制器传送水位监测信号。

高位水箱除了启停水泵水位信号外，还需要安装水位传感器监测极限高低水位，进行溢水和枯水预警。

2）水泵监控控制

水泵的常规监控有水泵的自动启停控制、水泵故障报警和水泵运行状态监测，对于变频泵还需要控制其转速。控制变频泵的目的是稳定供水压力，是用水管式压力传感器检测水泵出口管网的压力，与给定值比较，由控制器控制变频器输出调节水泵转速。

3）系统应急控制

在多台水泵组成的系统中，多台水泵互为备用。当一台水泵损坏时，备用水泵能投入使用，以保证系统正常运行。

4）水泵累计运行时间控制

为了延长水泵的使用寿命，通常要求水泵的累计运行时间尽可能相同，每次启动系统时，应优先启动累计运行时间最少的水泵，故控制系统应具有自动记录设备运行时间的功能。

5）设备的远程控制

控制中心能实现对现场设备的远程开/关控制。

3. 监控原理图

根据监控需求分析，绘制给水系统监控原理如图 2-11 所示。实现该功能采取的措施是：水箱水位监测采用水位开关；水泵的监控利用水泵控制箱内接触器、继电器接触点作为监控信号传递；对于监测管道水流状态，采用水流开关；采用 PLC 计算每个水泵的运行时间。

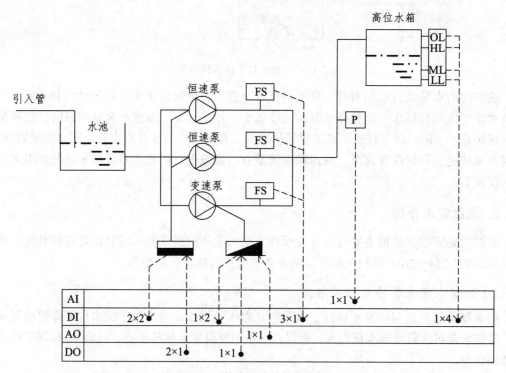

图 2-11　给水系统监控原理图

给水系统监控中主要的监控设备有：

1）水位开关

水箱设置 4 个监测点位，分别是溢流报警水位 OL、停泵水位 HL、启泵水位 ML、超低报警水位 LL。水位开关安装在水箱上，用于监测这 4 个点位。当水位达到设定点后，发出开关信号 DI 到 DDC 控制器。溢流报警水位 OL 和超低报警水位 LL 是报警显示，停泵水位 HL 和启泵水位 ML 需要联动停起水泵。

2）管式液位传感器

管式液位传感器安装在给水立管上，用于监测管网给水压力，发出模拟信号 AI 到 DDC

控制器，DDC 根据接收的信号参数控制变速泵转速。

3）压差水流开关

通过监测水泵两端水流压差，监测水泵是否出现故障，并将故障报警信号发送到 DDC 控制器。

4）恒速水泵动力柜

监控图中两台恒速泵一用一备，恒速水泵动力柜是两台恒速泵的配电控制箱，控制箱内继电器、接触器等触点信号与 DDC 控制器连接。其中监测水泵启停状态和故障的两个监测点属于开关量 DI，水泵的启停是由 DDC 控制器输出开关量 DO 控制。

5）变速泵动力柜

变速泵动力柜是变速水泵的配电控制箱，控制箱内继电器、接触器等触点信号与 DDC 控制器连接。其中监测变速水泵启停状态和故障的两个监测点属于开关量 DI，变速水泵的启停是由 DDC 控制器输出开关量 DO 控制，而变速水泵的转速是由 DDC 控制器输出模拟量 AO 控制。

4. 监控点表

根据给水系统监控原理图编制系统监控点表，如表 2-1 所示。

表 2-1　给水系统监控点表

监测、控制点描述	监控点类型				接口位置
	AI	AO	DI	DO	
恒速水泵启停状态			√		恒速水泵动力柜主接触器辅助触点
恒速水泵故障报警			√		恒速水泵动力柜主电路热继电器辅助触点
恒速水泵启停控制				√	DDC 数字输出口输出到恒速水泵动力柜主接触器控制回路
变速水泵启停状态			√		变速水泵动力柜主接触器辅助触点
变速水泵故障报警			√		变速水泵动力柜主电路热继电器辅助触点
变速泵转速控制		√			变速水泵动力柜控制电路转换开关
变速水泵启停控制				√	DDC 数字输出口输出到变速水泵动力柜主接触器控制回路
水流开关状态			√		水流开关状态输出点
高位水箱水位监测			√		水池水位开关状态，4 个液位开关
管网给水压力检测	√				管式液位传感器

二、建筑排水系统监控

1. 建筑排水工作流程

建筑排水系统是通过结构设计的地面坡度和排水管道将污水集中在地下室的集水坑中，

然后用排水泵从集水坑抽出排放到地面的城市污水管网中。图 2-12 是建筑排水工作流程示意图，采用潜水泵、污水集水坑的排水方式，集水坑的污水由水泵加压后送至市政污水管网，其中两台潜水泵一用一备。

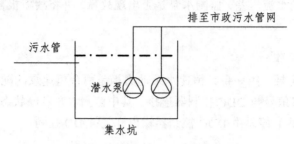

图 2-12　建筑排水工作流程示意图

2. 监控需求分析

为防止污水过量而引起溢出，集水坑的液位应控制在一定的范围内。排水系统的主要设备有潜水泵、集水坑等，其监控功能如下：

（1）集水坑的水位监测及超限报警。

（2）根据污水集水池、废水集水池的水位，控制排水水泵的启动/停止。当水位达到高限时，联锁启动相应的水泵，直到水位降低到低限时联锁停止水泵。

（3）排水泵运行状态的检测及发生故障时报警。

3. 监控原理图

建筑排水系统监控原理图如图 2-13 所示。集水坑上安装有水位开关，设置 4 个水位点分别是低限报警、停泵水位、启泵水位和溢流报警水位，这 4 个点位都是由水位开关采集后输入 DDC，属于开关输入量 DI。潜水泵配电控制箱将控制箱内接触器等触点信号引至 DDC，其中监测水泵运行状态和故障情况的 2 个监测点属于开关输入量 DI，水泵的起停由 DDC 发出开关输出量 DO 控制。

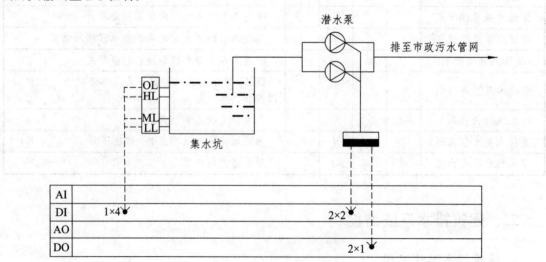

图 2-13　排水系统监控原理图

4. 监控点表

根据排水系统监控原理图编制系统监控点表，如表 2-2 所示。

表 2-2　排水系统监控点表

监测、控制点描述	监控点类型				接口位置
	AI	AO	DI	DO	
排水泵启停状态			√		潜水泵配电箱主接触器辅助触点
排水泵故障报警			√		潜水泵配电箱主电路热继电器辅助触点
排水泵启停控制				√	DDC 数字输出口输出到排水泵配电箱主接触器控制回路
集水坑水位监测			√		集水坑水位开关状态，有 OL、HL、ML、LL 等 4 个液位开关

任务二　暖通空调监控系统

【任务描述】

（1）了解暖通空调系统的分类；
（2）掌握暖通空调系统的基本原理和主要设备；
（3）能分析暖通空调系统监控功能需求，绘制监控原理图和监控点表。

【相关知识】

暖通空调系统是智能建筑设备系统中的主要组成部分，其作用是保证建筑物内具有适宜的温度和湿度，良好的空气品质，为人们提供舒适的工作和生活环境。暖通空调系统中设备多、数量大、分布广，消耗的电能占建筑物的 70% 左右。暖通空调系统是对建筑物的所有暖通空调设备进行全面管理并实施监控的系统，主要任务就是采用自动化装置监测设备的工作状态和运行参数，并根据负荷情况及时控制设备的运行状态，实现节能。

一、暖通空调系统的组成

暖通空调系统的基本组成如图 2-14 所示，一个完整独立的空调系统基本可分为三大部分，分别是：冷/热源、冷热水和空气输配系统、末端装置。

冷/热源：暖通空调系统需要冷源或热源提供冷媒或热媒，冷/热媒与空气进行热交换，使空气变冷或变热。最常用的冷/热源是冷冻水和热水，冷源一般由制冷机组提供，热源一般是热水锅炉提供。

冷热水和空气输配系统：冷热水输配系统是通过管路将冷热载体（冷水或热水）配送到各区域、各子区域、各子子区域；空气输配系统将处理后的空气通过风机、风道、风阀、风口等送至空调房间。

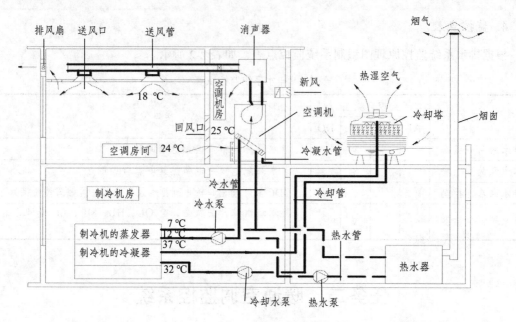

图 2-14   暖通空调系统的基本组成

末端装置：末端装置是实现用户端冷热交换的最终装置，如风机盘管、散热器和风口等装置。

二、暖通空调系统的分类及基本原理

1. 按使用目的分类

舒适性空调：要求温度适宜，环境舒适，对温湿度的调节精度无严格要求，用于住房、办公室、影剧院、商场、体育馆、汽车、船舶、飞机等。

工艺性空调：对温湿度有一定的调节精度要求，另外空气的洁净度也要有较高的要求。用于电子器件生产车间、精密仪器生产车间、计算机房、生物实验室等。

2. 按设备布置情况分类

集中式（中央）空调：空气处理设备集中在中央空调室里，处理过的空气通过风管送至各房间的空调系统，适用于面积大、房间集中、各房间热湿负荷比较接近的场所选用，如商场、超市、餐厅、船舶、工厂等。系统维修管理方便，设备的消声隔振比较容易解决，但集中式空调系统的输配系统中风机、水泵的能耗较高。

半集中式空调：既有中央空调又有处理空气的末端装置的空调系统。这种系统比较复杂，可以达到较高的调节精度，适用于宾馆、酒店、办公楼等有独立调节要求的民用建筑，半集中式空调的输配系统能耗通常低于集中式空调系统。常见的半集中式空调系统有风机盘管系统和诱导式空调系统。

局部式空调：每个房间都有各自的设备处理空气的空调。空调器可直接装在房间里或装在邻近房间里，就地处理空气，适用于面积小、房间分散、热湿负荷相差大的场合，如办公室、机房、家庭等。其设备可以是单台独立式空调机组，也可以是由管道集中给冷热水的风机盘管式空调器组成的系统，各房间按需要调节本室的温度。

3. 按承担负荷介质分类

全空气系统：全空气系统的特征是室内负荷全部由处理过的空气来负担，由于空气的比热、密度比较小，需要的空气流量大、风管断面大、输送能耗高。这种系统在实现空调目的的同时也可以实现可控制的室内换气，保证良好的室内空气品质，目前在体育馆、影剧院、商业建筑等大空间建筑中应用广泛。

全水系统：全水系统的特征是室内负荷由一定的水来负担，水管的输送断面小，输送能耗相对较低。典型的全水系统如风机盘管系统、辐射板供冷供热系统，因为其没有通风换气作用，单独使用全水系统在实际工程中很少见，一般都需要配合通风系统一同设置。

空气-水系统：空气-水系统的特征介于全空气系统和全水系统之间，由处理过的空气和水共同负担室内负荷，典型的空气-水系统是风机盘管+新风系统，这种系统由于比较适应大多数建筑的情形，因此在实际工程中也应用最多，酒店客房、办公建筑、居住建筑等大多采用风机盘管+新风系统。

三、暖通空调系统的主要设备

1. 空调冷热源设备

能够为空调系统的空气处理设备对空气进行热湿处理并提供冷热量的物质和装置，都可以作为空调系统的冷热源，这样的物质有地下水、冰、地热等，装置主要是各种制冷设备和锅炉。

冷水机组是暖通空调系统采用最多的冷源，它是将制冷设备组装成一个整体，可向空调系统提供处理空气所需的冷冻水。目前常用的有两大类：一是电力驱动的蒸汽压缩式机组；二是热力驱动的吸收式冷水机组。

安装热源的性质可以分为蒸汽和热水两大类。按照热源装置可以分为锅炉和热交换器两大类。

2. 冷热水和空气输送设备

1）水泵

暖通空调工程中使用的水泵一般是清水泵或热水泵，其输送液体为不含有体积超过0.1%和粒度大于0.2 mm的固体杂质，清水泵输送液体温度为0~80 ℃，热水泵可以输送130 ℃以下的液体。水泵的主要参数是流量、扬程和电机功率，高层建筑空调水系统为闭式循环，水泵承受的系统静压力远高于水泵自身的扬程。

2）风机

暖通空调工程中常用的风机按其叶轮的作用原理可以分为离心式风机、轴流式风机和斜流式风机。离心式风机具有流量范围广、风压高的特点，轴流风机则具有风压低、流量大的特点，斜流式风机介于前两者之间。

3）风管

常用的风管材料有薄钢管、镀锌薄钢管和铝合金板等，风管的形式有矩形、圆形和螺纹三种。

3. 末端装置

1）风机盘管

风机盘管式空调系统是在集中式空调的基础上，作为空调系统的末端装置，分散地装设在各个空调房间内，可独立地对空气进行处理，风机盘管由风机、换热盘管、机壳、凝结水盘等组成。风机盘管的主要设备参数是风量、风压、表冷器排数、运行噪声、电机功率等。

2）柜式空调器

柜式空调器的构造和原理基本与风机盘管相同。柜式空调器处理空气的能力和机外余压都比风机盘管要大，可以接风管进行区域性空调。

3）送回风口

送风口是指空调管道中心向室内运送空气的管口。回风口又称吸风口、排风口，是空调管道中心向室外运送空气的管口。

【系统设计】

一、空调冷源系统监控

对冷热源系统实施自动监控能够及时了解各机组、水泵、冷却塔等设备的运行状态，并对设备进行集中控制，自动控制它们的启停，并记录各自运行时间，便于维护。如果这些工作还是由人工来进行操作，那么会浪费大量的人力资源，而且工作起来会很不方便，如果工作人员在工作上产生疏忽时，将会造成能量的极大浪费和不安全因素。

通过对冷热源系统实施自动监控，可以从整体上整合空调系统，使之运行在最佳的状态。多台冷水机组、冷却水泵、冷冻水泵和冷却塔、热水机组、热水循环水泵或者其他不同的冷热源设备可以按先后有序地运行，通过执行最新的优化程序和预定时间程序，达到最大限度的节能，同时可以减少人手操作可能带来的误差，并将冷热源系统的运行操作简单化。集中监视和报警能够及时发现设备的问题，进行预防性维修，以减少停机时间和设备的损耗，通过降低维修开支而使用户的设备增值。另外冷热源系统可以根据被调量变动的情况，给系统增减热量或者冷量，因此可以降低能耗，节省能源。

1. 制冷系统运行原理

空调冷源系统由冷水机组、冷却塔、冷却水循环泵、冷冻水循环泵、电子水处理仪、分水器、集水器以及与系统相互配套的循环水管道组成，如图 2-15 所示。系统在投入运行后，由冷却塔制成的冷却水进入冷水机组再次降温后变成冷冻水，经冷冻水循环泵送入到分水器，再由分水器将冷冻水送向各空调区域的空调末端设备换热系统进行热交换,满足用户对室内温度环境的需求,吸热升温后冷冻水通过集水器返回冷源系统进入冷水机组循环制冷。

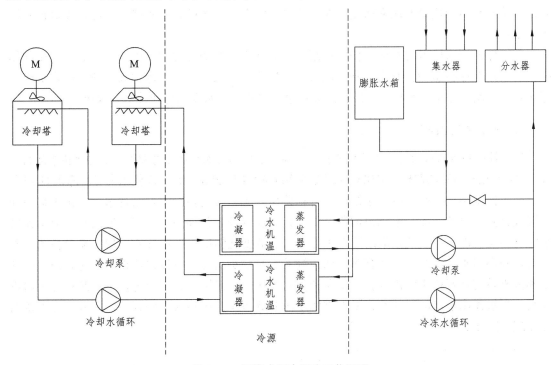

图 2-15　压缩式制冷系统工作原理

冷水机组包括 4 个主要组成部分:压缩机、蒸发器、冷凝器、膨胀阀。图 2-16 是压缩式制冷方式工作方式,通过流动媒介在蒸发器、压缩机、冷凝器和膨胀阀等部件中的气相变化的循环来将低温物体的热量传递到高温物体中去。压缩机将蒸发器内所产生的低压低温的制冷剂气体吸入气缸内,经压缩后成为高压、高温的气体被排至冷凝器。在冷凝器内,高温高压的制冷剂与冷却水进行热交换,把热量传给冷却水而使本身由气体凝结成液体。高温的液体再经膨胀阀节流降压后进入蒸发器。在蒸发器内,低压的制冷剂液体的状态是很不稳定的,立即进行汽化并吸收蒸发器水箱中的热量,从而使冷冻水的回水重新得到冷却,蒸发器所产生的制冷剂气体又被压缩机吸走。

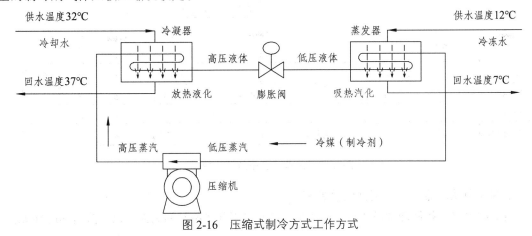

图 2-16　压缩式制冷方式工作方式

　　冷却塔是用水作为循环冷却剂，从一系统中吸收热量排放至大气中，以降低水温的装置。其作用是利用水与空气流动接触后进行冷热交换产生蒸汽，蒸汽挥发带走热量达到蒸发散热、对流传热和辐射传热等原理来散去工业上或制冷空调中产生的余热来降低水温，以保证系统的正常运行。

　　为了保证冷水机组的安全，楼宇控制系统对冷水机组的启停与辅助系统的启停实施联锁控制，启动顺序控制为：开启冷却塔风机→开启冷却水泵→开启冷冻水泵→开启冷水机组。停止顺序控制：停止冷水机组→停止冷冻水泵→停止冷却水泵→停止冷却塔风机。

2. 制冷系统监控

　　楼宇控制系统通过对冷冻水供回水温度、流量、压力检测和压差旁路调节、冷水机组运行台数、循环泵运行台数的监控，实现对空调冷源系统的控制，满足空调末端使用者对冷冻水的需要。

　　楼宇控制系统对空调冷源系统运行过程监控内容主要包括冷水机组进水口与出水口冷冻水温度检测，以了解冷冻水机组的制冷温度是否在合理的范围内；对集水器回水与分水器供水温度测量，以了解空调末端用户对供冷量需求的变化情况；对冷冻水供回水流量检测，测量流量和供回水温度结合，计算出空调系统的实时冷负荷量，可以以此作为电能源消耗的计量和分析系统运行效率的依据；分水器和集水器压力压差测量，用压力传感器测量分水器进水孔、集水器出水口的压力差，根据供回水压差调节压差旁路阀门的开度。空调冷源系统监控原理如图 2-17 所示。

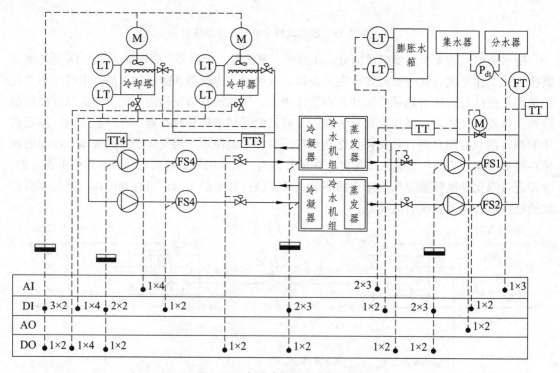

图 2-17　空调冷源系统监控原理

　　空调冷源系统监控主要用到的设备有：

　　（1）配电箱：控制冷却塔风机、冷却泵、冷水机组和冷冻泵的启停，以及监测其运行状态。

（2）液位开关：监测冷却塔和膨胀水箱的高低水位。

（3）电动蝶阀：控制管道上的阀门。

（4）温度传感器：监测冷冻水、冷却水供回水温度。

（5）流量传感器：监测冷冻水供水流量。

（6）压差传感器：监测集水器和分水器之间压差。

（7）水流开关：监测冷却水回水、冷冻水供水流量。

二、空调机组监控

1. 空调机组结构

空调机组的实物图和剖面图如图 2-18 所示。组合式空调机组是由各种不同的功能段组合而成的空气处理设备。组合式空调机组的基本功能段有混合段，表冷段，加热段，喷淋段，过滤段，加湿段，新风、排风段，送风段，二次回风段，中间检修段，送、回风机段，消声段等。根据空调设计对空气处理过程的需要，可选用其中某些功能段任意组合。

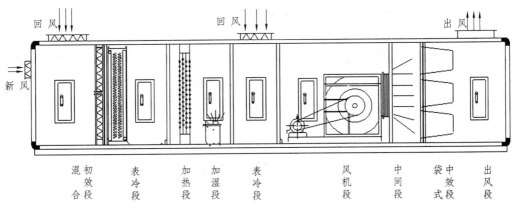

图 2-18　组合式空调机组

2. 空调机组监控

空调机组的调节对象是相应区域的温度、湿度参数，使室内空气质量符合人们正常生活标准。空调机组的监控原理图如图 2-19 所示。监控内容如下：

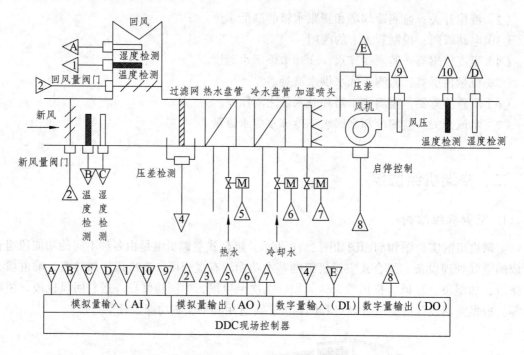

图 2-19　空调机组的监控原理

根据控制程序控制风机的启动/停止。

（1）温度控制：根据回风实测温度与系统设定的温度值进行比较，按照调节规律调节水路电动调节阀的开度，使温度达到设定值。

（2）湿度控制：根据回风实测湿度与设定湿度的偏差，按照控制要求调节汽路电动调节阀的开度，使湿度达到设定值。

（3）监测风机的运行状态：即根据风机两侧的压差，异常时报警。

（4）监测空气过滤器的状态：即当两侧的压差超过设定值时，发出报警信号，提醒清洗或更换过滤器。

（5）风机、风门、冷热水阀、加湿设备及防霜冻连锁控制。按照顺序启动设备：风机→冷热水阀→加湿设备→调节冷热水阀→调节风门开度。停机顺序：加湿设备→风机→风门→冷热水阀。

任务三　建筑供配电系统

【任务描述】

（1）了解建筑电气的用电负荷等级划分、供电系统的主要形式；

（2）掌握供配电系统的监控原理，能绘制监控原理图和监控点表。

【相关知识】

一、电力系统概念

由各种电压的电力线路及一些发电厂、变电所和电能用户联系起来的一个发电、输电、变电和用电的整体，称为电力系统。大型电力系统如图 2-20 所示。

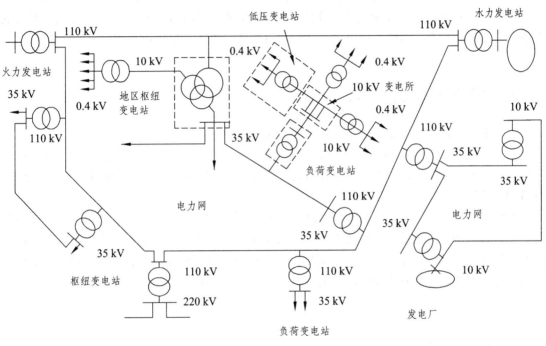

图 2-20　大型电力系统

发电厂是将一次能源转换成二次能源（电能）的场所。我国目前主要以火力和水力发电为主，近年来在原子能发电能力上也有很大提高，如广东大亚湾、浙江秦山等核电站。

变电所是接受电能、变换电压和分配电能的场所，可分为升压变电所和降压变电所两大类。升压变电所一般设置在发电厂里或附近，降压变电所则靠近用户设置。

电力系统中各种不同电压等级的电力线路及其所联系的变电所，称为电力网。其任务是将发电厂生产的电能输送、变换和分配到电能用户。

电能用户是所用用电设备的总称。

二、用电负荷等级

在电力系统上的用电设备所消耗的功率称为用电负荷或电力负荷。根据电力负荷对供电可靠性的要求及中断供电在政治、经济上所造成的损失或影响的程度，分为三级。

一级负荷：指中断供电将造成人身伤亡，造成重大政治影响和经济损失，或造成公共场所秩序严重混乱的电力负荷，属于一级负荷。一级负荷应由两个电源供电，一用一备，当一个电源发生故障时，另一个电源应不致同时受到损坏。一级负荷中的特别重要负荷，除上述两个电源外，还必须增设应急电源。为保证对特别重要负荷的供电，禁止将其他负荷接入应急供电系统。

二级负荷：当中断供电将造成较大政治影响、较大经济损失或将造成公共场所秩序混乱的电力负荷，属于二级负荷。对于二级负荷，要求采用两个电源供电，一用一备，两个电源应做到当发生电力变压器故障或线路常见故障时不致中断供电（或中断供电后能迅速恢复）。在负荷较小或地区供电条件困难时，二级负荷可由一路 6 kV 及以上的专用架空线供电。

三级负荷：不属于一级和二级负荷的一般电力负荷，均属于三级负荷。三级负荷对供电电源无要求，一般为一路电源供电即可，但在可能的情况下，也应提高其供电的可靠性。

三、供电系统主要形式

供电系统常用的供电系统形式如图 2-21 所示。

图 2-21（a）所示为一路高压进线单台变压器情况。该系统供电可靠性较差，系统中电源、变压器、开关及母线中任一环节出现故障或检修时，均不能保证供电，但接线简单，造价低，可适用三级负荷。

2-21（b）所示为一路高压进线、双台变压器、低压母线分段供电方式。与方案（a）比较，除变压器有备用外，其他环节也无备用，一般情况下，变压器出现故障或检修的可能性比其他元件少得多，故其可靠性增加不多而投资大为增加。对于电力负荷较大需设置两台变压器或考虑变压器经济运行而选择两台变压器的情况可采用此供电方式。

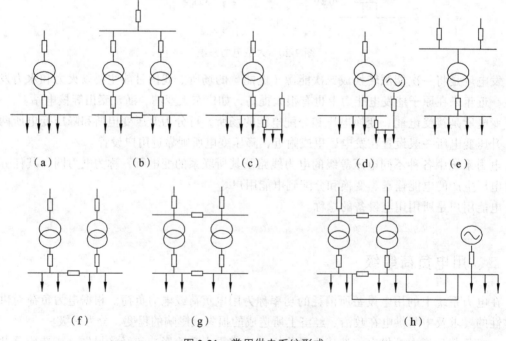

图 2-21　常用供电系统形式

2-21（c）所示为一路高压进线、单台变压器、低压备用的供电方式，适用于建筑中只有少量一级负荷的情况。

2-21（d）所示为一路高压进线、柴油发电机作为备用的供电方式，当一级负荷第二电源取得需大量投资时采用。

2-21（e）所示为二路高压进线、一用一备、单台变压器的供电方式，因变压器远比电源故障和检修要少，故投资增加不多而可靠性较高，可适用于二级负荷。

2-21（f）所示为二路高压进线、两台变压器、低压母线分段的供电方式，该系统基本设备均有备用，供电可靠性高，可适用于一、二级负荷。

2-21（g）所示为二路高压进线、两台变压器、高压母线分段、低压母线也分段的供电方式，该系统投资虽高但供电可靠性更高，可适用于一级负荷。

2-21（h）所示为在方案（g）的基础上增加了柴油发电机作为第三电源，适用于一级负荷中的特别重要负荷的供电。目前，超高层建筑及重要的高层建筑大多采用此供电方式。

【系统设计】

一、建筑供配电系统的监控原理

供配电系统是建筑最主要的能源供给系统，是建筑设备最基本的监测对象之一。供配电监控系统由现场设备即电流变送器、电压变送器、功率因数变送器、有功功率变送器等各类传感器和 DDC 控制器组成。低压供配电系统监控原理图如图 2-22 所示。监控内容如下：

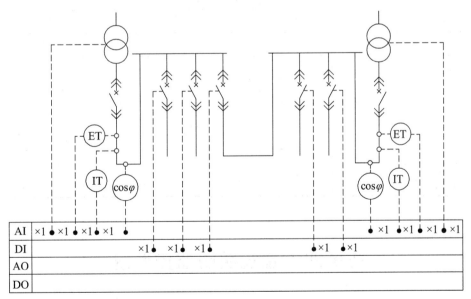

图 2-22　低压供配电系统监控原理

（1）对配电系统正常运行时计量管理和事故发生时的应急处理、故障原因分析，通过对其运行参数的实时监测，如进线电压、进线电流、功率因数、变压器温度等。

（2）对配电系统的相关电气设备进行实时监视，如母线联络断路器、高低压进线断路器等各种类型开关分合闸状态和运行状态；如果发现故障自动发出报警信号，并显示故障位置及其参数，如电压、电流等。

（3）通过建立设备档案，管理各种电气设备的检修和保养记录，档案中包括设备配置、参数、设备运行、事故和检修等，根据设备的技术要求生成定期维修操作单并保存。

（4）报警功能。

① 状态报警：当变配电系统的开关出现过载跳闸、短路故障跳闸以及综合故障时，计算机能够通过多媒体音箱发出声音报警并自动记录时间、站号、回路名称、事故类别。

② 超限报警：当变配电系统的各电量参数出现超过额定值时或其他工艺设备超限运行时，计算机能够通过多媒体音箱发出声音报警并自动记录时间、站号、回路名称。

③ 三相不平衡系数报警：当变、配电系统的三相电流或三相电压值出现不平衡时（可自定义范围），计算机能够通过多媒体音箱发出声音报警并自动记录时间、站号、回路名称。

二、建筑供配电系统的监控点表

楼宇控制系统对变配电系统监控参数包括变压器温度、低压进线柜断路器低压进线电量状态、低压联络柜母线断路器状态、低压配电柜断路器状态。低压供配电系统监控点如表 2-3 所示。

表 2-3   低压供配电系统监控点

监测、控制点描述	监控点类型				接口位置
	AI	AO	DI	DO	
变压器温度	√				温度传感器
低压进线柜断路器状态			√		低压进线柜断路器辅助触点
低压进线电流	√				电压变送器
低压进线电压	√				电流变送器
低压进线功率因素	√				功率因素变送器
低压联络柜母线开关状态			√		低压联络柜断路器辅助触点
低压联络柜母线开关故障			√		低压联络柜断路器辅助触点
低压配电柜断路器状态			√		低压联络柜断路器辅助触点

任务四   建筑照明监控系统

【任务描述】

熟悉并掌握建筑照明监控系统监控功能分析及监控点设置，能绘制监控系统原理图，并编制监控点表。

【 相关知识 】

在智能建筑系统中，照明系统的用电量很大，往往是仅次于空调系统用电量。不同用途的场所对照明质量的要求也各不相同，既要保证照明质量又要节约能源，这是对智能建筑照明系统基本的要求。

随着计算机技术、通信技术、总线技术、自动控制技术、信号检测技术及微电子技术的迅速发展和相互渗透，使照明控制技术有了很大的发展，照明迅速地进入了智能化控制时代。实现了照明控制系统智能化的主要目标有两个方面：一方面是可以提高照明系统的控制和管理的水平，减少照明系统的维护成本；另一方面可以节约能源，减少照明系统的运行成本。

一、照明控制系统的类型

按照明控制系统的控制功能和作用的范围进行划分，照明控制系统大致可以分为以下几类：

1. 点（灯）控制型

点（灯）控制就是指可以直接地对某盏灯进行控制。早期的照明控制系统和普通的室内照明控制系统基本上是采用点（灯）控制方式，这种控制方式结构简单，仅使用一些电器开关、导线及组合就可以完成对灯的控制功能，是目前使用最广泛和最基本的照明控制系统，也是照明控制系统的基本单元。

2. 区域控制型

区域控制型的照明控制系统是指能够在某个区域范围内完成照明控制的系统，其特点是可以对整个控制区域的范围内所有灯具按不同的功能要求，进行直接或者间接的控制。由于照明控制系统在设计时基本上都是按回路容量进行的，即按照每个回路分别进行控制，所以又叫作路（线）控型照明的控制系统。

一般而言，路（线）控型的照明控制系统主要由控制主机、控制信号输入单元、控制信号输出单元和通信控制单元等组成，主要用于照明、公共活动场所、城市标志性建筑和桥梁照明控制等场合。

3. 网络控制型

网络控制型的照明控制系统是指通过计算机网络技术，将许多局部的小区域内的照明设备进行联网，主要由一个控制中心进行统一控制的照明控制系统。在照明的控制中心内，由计算机的控制系统对控制区域内的照明设备进行统一的控制管理。

二、常用照明系统的控制方式

1. 翘板开关控制方式

这种控制方式是照明系统中采用的最多的一种，主要以翘板开关控制一组或几组的照明器。单控开关主要用于在一处启闭照明；双控及多控的开关主要用于楼梯及过道等场所，可以在上、下层或者是两端或多处启闭照明。

2. 断路器控制方式

这种控制方式主要以断路器控制一组的照明器具，控制结构简单，投资小，由于控制照明器比较多，会造成多处照明器同时启闭，节能效果较差，又很难满足在特定环境下的照明要求，只适合于大面积照明时使用。

3. 定时控制方式

这种控制方式主要以定时器来控制照明器具，可以利用楼宇的自控系统的接口通过控制中心来实现。这种方式在外界环境的变化或作息时间的变化时难以适用，需要通过改变设定值才能得以实现。

4. 光电感应开关控制方式

这种控制方式主要是利用光电感应开关通过测定工作面的照度，以及与系统的设定值进行比较，实现照明器具的控制。这种控制方式可以最大限度地利用自然光以达到节能的目的，也可以提供一个较为稳定的视觉工作环境。这种方式只适合于采光条件较好的场所。

5. 智能控制方式

智能照明系统可分为系统单元、输出单元、输入单元等部分，主要由系统电源、通信接口、网络桥（耦合器）、调光/开关模块、智能传感器、可编程面板、时钟管理、手持式编程器等组成。智能控制方式主要采用总线型与星形布线混合的拓扑结构，控制总线大都为二线制。其控制网络分为集中式、集散式和分布式三类，由于集中式与集散式的网络控制信号依赖中央（或分中心）监控机的控制管理，所以在实际的设计中一般采用的是分布式智能照明系统。

分布式照明系统的所有单元器件（除电源外）都需要内置微处理器和存储单元，由一对信号线连接成网络。每个单元均设置唯一的单元地址并用软件来设定其功能，通过输出的单元控制各回路的负载。输入单元通过群组的地址和输出元件建立对应的联系。当系统有输入时，输入的单元通过群组的地址和输出单元建立对应的联系。当系统有输入时，输入单元将其转变为控制信号在系统总线上的广播，所有的输出单元接收控制信号并需要做出判断，控制相应的回路输出。由计算机设定的系统参数被分散存储在各单元中，即使系统突然断电也不会丢失。通过计算机的控制系统可实现实时监控以及定时控制等功能。

三、照明监控系统功能

1. 实现照明控制智能化

采用照明监控系统可以使照明系统工作在自动控制状态，系统可以按事先设定的若干基本状态来进行工作，这些状态会按预先设定的时间自动地进行切换。例如，当一个工作日结束后，系统将会自动进入晚上的工作状态，自动且缓慢地调暗各区域的灯光，同时，系统的移动探测功能也将会自动生效，将无人区域的灯自动地关闭，将有人区域的灯光自动调至合适的亮度。此外，还可以通过编程来改变各区域的光照度，适应各种场合对不同场景的要求。

照明监控系统可以将照度自动地调整到最合适工作的水平。例如，在靠近窗户等自然采光较好的场所，系统将会很好地利用自然光照明，将照度调节到最合适的水平。当天气发生变化时，系统仍然能自动将照度调节到最合适的水平。无论是在什么场所或天气如何变化，系统均能将室内的照度维持在预先设定的水平。

2. 改善工作环境，提高工作效率

在传统的照明系统中，配有传统的镇流器的荧光灯以 100 Hz 频率闪动，这种频闪会使工作人员头痛发胀，眼睛疲劳，大大地降低了工作效率。智能照明系统中的可调光电子镇流器工作频率范围为 40 ~ 70 kHz，克服了频闪，消除了启辉时亮度不稳定等问题，在为人们提供健康和舒适环境的同时，提高了工作效率。

3. 提高节能效果

智能照明控制系统使用了先进的电力电子技术，可以对大多数灯具（包括白炽灯、荧光灯、配以特殊镇流器的钠灯、霓虹灯、水银灯等）进行智能调光。当室外光较强时，室内的照度将会自动调暗，室外光较弱时，室内照度则自动地调亮，使室内的照度始终保持在恒定值的附近，充分利用自然光来实现节能的目的。

4. 提高物业管理水平，减少维护成本

照明监控系统将普通照明通过人来进行开关的控制过程转换成了智能化管理模式，不仅使大楼的管理者能够将其管理意识应用于照明的控制系统中，而且有效地减少了对大楼的运行维护费用，可带来较大的投资回报收益。

四、照明监控系统

1. 照明系统监控原理

照明设备自动控制需根据不同的场合、用途需求进行，以满足用户的需求。照明监控系统监控范围包括公共区域照明、应急照明、泛光照明，这些照明设备的监控大都是开关量的，包括设备启/停、运行/故障状态监视、手/自动状态监视等。其中，应急照明一般只监不控，其联动控制内容由其他系统完成。照明监控系统核心是 DDC 分站，一个 DDC 分站可控制一个楼层的照明或整座楼的装饰照明。区域可以按照地域来划分，也可按照功能来划分，各照明区域控制系统通过通信系统连成一个整体，成为建筑物自动化系统的一个子系统。照明监控系统原理如图 2-23 所示。照明控制箱接线原理如图 2-24 所示。

2. 典型照明监控系统

1）C-Bus 智能照明系统

C-Bus 智能照明控制系统是指基于二线制总线式的结构，采用分散的布置方式，该系统能将大楼内的照明回路以及电动设备进行集中控制和管理。系统内的所有单元器件（除电源外）都需要内置微处理器和存储单元，由一对信号线连接成网络。该系统拥有一套独立的控制协议，可以独立地进行，相对于楼宇控制系统来说，其结构比较简单，能够满足对照明控制的

技术要求。系统可以记忆其设定的参数，每个元件在网络中均有唯一的地址码以供识别，系统可以单独地对每个元件进行编程。照明系统的设定参数将会分散存储在各个元件中。

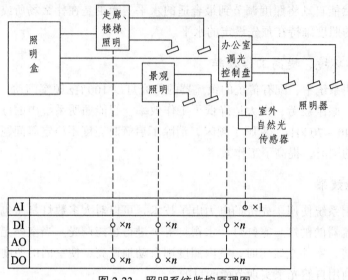

图 2-23　照明系统监控原理图

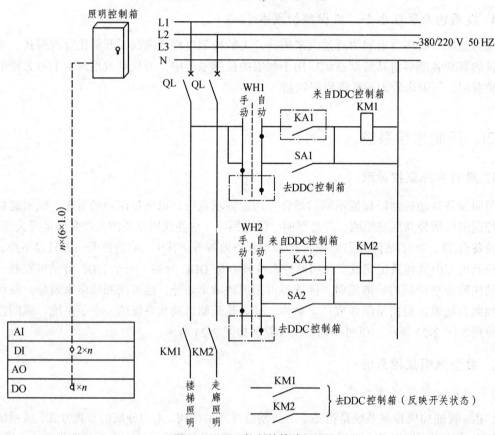

图 2-24　照明控制箱接线原理

C-Bus 智能照明系统由输入、输出以及控制中心三大部分组成。输入部分的功能主要是将外界的信号转换为系统的控制信号，由输入键、场景控制器、亮度传感器、红外遥控器、红外线探测器、定时单元以及辅助输入单元等组成。输出部分的功能主要是接收总线上的控制信号，来控制相应的负荷回路，以此来实现照明控制，主要器件包括了模拟输出单元、不同回路的继电器和调光器及其接口电路等。智能照明系统可以对照明系统的设备状态进行实时的监控。C-Bus 智能照明控制系统原理如图 2-25 所示。四路继电器接线示意图如图 2-26 所示。

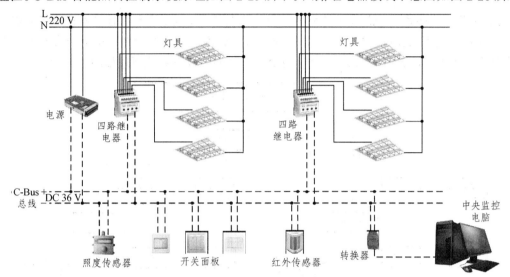

图 2-25　C-Bus 智能照明控制系统

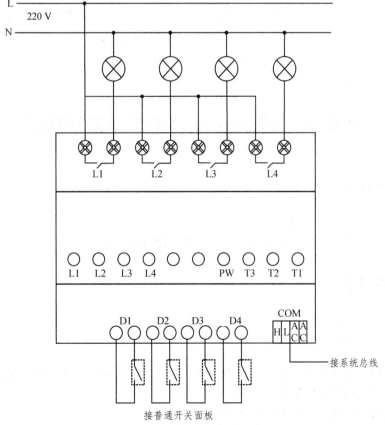

图 2-26　四路继电器接线示意图

2）I-Bus 智能照明系统

I-Bus 是基于欧洲总线 EIB 标准开发的智能照明控制系统。I-Bus 系统可分为三层结构，总线为四芯电缆，其中两芯主要是用于传输数据信息，以及供各个单元工作的电源，另外两芯留作备用。

I-Bus 智能照明系统的总线元件是由不同的功能模块组成的，具有运算和存储等功能。对这些模块进行编程后就可以独立工作，同时，系统将不同功能的元件有机地结合起来，形成一个具有多种功能的智能照明监控系统。I-Bus 智能照明控制系统原理如图 2-27 所示。

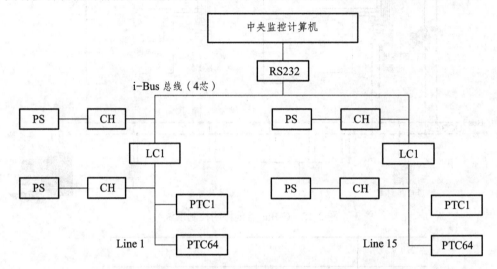

图 2-27　I-Bus 智能照明控制系统原理

PS—电源供应器；CH—扼流器；PTC—EIB 软件；LC—直流耦合器

任务五　建筑设备监控管理系统施工

【任务描述】

（1）掌握中央控制设备的安装要求；

（2）掌握传感器、执行器的安装要求，了解 DDC 的安装步骤。

【相关知识】

一、施工准备

施工前应做好各项准备工作，包括技术准备、材料设备准备、机具仪器人力准备、施工环境检查准备等。具体步骤如下：

（1）深化施工图设计，并完成绘制工作；

（2）建设单位、设计单位、施工单位会审会签施工图；

（3）施工单位依据施工图编制、施工组织设计和专项施工方案，报监理工程师批准；

（4）对技术人员进行安全教育和技术交底，包括熟悉施工图、施工方案等有关资料；

（5）检查材料、设备的准备情况；

（6）检查机具、仪器与人力的准备情况；

（7）检查施工环境情况；

（8）完成施工准备。

其中步骤（1）~（4）属于技术准备的范畴。设备准备、机具仪器人力准备、施工环境检查准备的详细要求可参照现行国家标准 GB 50606—2012《智能建筑工程施工规范》的规定。施工准备是围绕施工图展开的。

针对监控系统工程施工中容易出现的问题，需要注意以下几个事项：

（1）建筑设备监控系统施工方与其他机电各方施工单位的工作范围、工作内容以及工作界面的划分、协调和配合要求应由发包人确认并授权。

（2）需核对被监控机电设备接入条件，包含设备专业控制原理要求是否满足，管道、阀门和阀门驱动器之间是否匹配且满足控制要求，电气专业控制箱和配电箱是否满足监控要求，电梯是否具备监测条件。自成控制单元设备的数字通信接口和通信协议是否满足监控要求。

从以上步骤可以看出，施工图及相关的监控系统配置文件是施工准备工作中最重要的基础资料，也是后续施工、安装、调试、维护等过程不可或缺的资料，必须予以足够的重视。

二、系统接线要求

监控系统施工安装包括的分项工程有：梯架、托盘、槽盒和导管安装，线缆敷设，传感器安装，执行器安装，控制器箱安装，中央管理工作站和操作分站设备安装，软件安装。

建筑设备监控系统的线缆类型较多，例如，控制器的接点类型不同，DI，AI，DO，AO 的连线也不同。此外，还有通信线、24 V 电源线、220 V 电源线等，对这些线路分类是有必要的，可防止不同类型线路接错，损坏控制器和模块。

（1）接线前应根据线缆所连接的设备电气特性，检查线缆敷设及设备安装的正确性。

（2）接线时按照施工图及产品的要求进行端子连接，并应保证信号极性的正确性。

（3）接线要整齐，应固定牢靠，尽量避免交叉。在设备线缆端部应采用清晰牢固的字迹标明编号，推荐采用与设备标识相一致的派生编号对各接线端点进行标识，以便于调试及维护过程中进行识别。

（4）控制器箱内线缆应分类绑扎成束，对于交流 220 V 及以上的线路可能会涉及人身和设备的安全，应做出明显的标记和颜色区分。

三、设备安装注意事项和要求

（一）中央控制设备安装要求

中央控制设备主要安装在设备监控室内，中央控制设备应在设备监控室的土建和装饰工程完工后进行。

1. 设备在安装前应做以下检查

（1）设备外形完整，内外表面漆层完好。

（2）设备外层尺寸、设备内主板及接线端子和型号、规格符合设计要求。

有底座设备的底座尺寸应与设计相符，其直线允许偏差为每米 1 mm，当底座的总长超过 5 m 时，全长允许偏差为 5 mm。

2. 中央控制及网络通信设备的安装要求

（1）应垂直、平正、牢固。

（2）垂直度每米允许偏差为 5 mm。

（3）水平方向的倾斜度每米允许偏差为 1 mm。

（4）相连设备顶部高度允许偏差为 2 mm。

（5）相连设备接缝处平度允许偏差为 1 mm。

（6）相连设备接缝的间隙，不大于 2 mm。

（7）相连设备的连接超过 5 处时，平面度的最大允许误差为 5 mm。

（二）温度和湿度传感器安装

温度传感器主要用于测量室内、室外、风管和水管的平均温度。湿度传感器用于测量室内外和管道的相对湿度，一般输出的是电流或电压信号。

1. 线路安装

温度传感器到 DDC 之间的连接应符合设备要求，应尽量减少因接线引起的误差，对于 1 kΩ 电阻温度传感器，接线总电阻应小于 1 Ω。电缆分线应按色谱顺序，并应达到下列要求：

（1）不得将每组芯线的互绞打开。

（2）每根芯线在端子上绕接的圈数：线径为 0.4 ~ 0.5 mm 时 6 ~ 8 圈，线径为 0.6 ~ 1.0 mm 时 4 ~ 6 圈。

（3）绕接应紧密，但不应叠绕。

（4）绕接芯线应从端子根部开始，不接触端子的芯线部分不宜露铜，芯线不得有损伤。

（5）剥除护套均不得刮伤绝缘层，应使用专用工具剥除。

2. 安装注意要点

（1）水管型温度传感器不宜安装在管道焊缝及其边缘上开孔焊接处。

（2）风管型温/湿度传感器、室内温度传感器应避开蒸汽放空口及出风口处。

（3）管型温度传感器安装应在工艺管道安装同时进行。

（4）风管压力、温度、湿度开关的安装应在风管保温完成之后。

（5）室内外温、湿度传感器不应安装在阳光直射或受其他辐射热影响的位置，应远离有高振动或电磁场干扰的区域。

（6）室外温、湿度传感器不应安装在环境潮湿的位置。

（7）并列安装的温、湿度传感器距地面高度应一致，高度允许偏差为±1 mm，同一区域内安装的温、湿度传感器高度允许偏差为±5 mm。

（8）室内温、湿度传感器的安装位置宜远离墙面出风口，如无法避开，则间距不应小于2 m。

3. 安装位置建议

（1）不要安装在阳光直射的位置，远离有较强振动、电磁干扰的区域，安装位置不应破坏建筑物外观的美观和完整性，室外温、湿度传感器应有防风雨装置。

（2）应尽可能远离窗、门和出风口的位置，如无法避免则与之距离大于2 m。

（3）并列安装的传感器，距地高度应一致。

4. 风管式温、湿度传感器安装

风管式温、湿度传感器安装要求如下：

（1）传感器应安装在风速平稳、能反映风道温、湿度的位置。

（2）传感器安装应在风管保温层完成后，风管式温度传感器应安装在风管的直管段，如不能安装在直管段，则应避开风管内通死角的位置安装。

（3）风管式压力传感器应安装在气流流速稳定和管道的上半部位置。

（4）风管式压力传感器应安装在温、湿度传感器的上游侧。

（5）高压风管其压力传感器应装在送风口，低压风管其压力传感器应装在回风口。

（6）风管式温、湿度传感器应安装在便于调试、维修的地方。

5. 水管温度传感器的安装

水管温度传感器的安装要求如下：

（1）水管温度传感器应在工艺管道预制与安装时同时进行。

（2）水管温度传感器的开孔与焊接工作，必须在工艺管道的防腐、衬里、吹扫和压力试验前进行。

（3）水管温度传感器的安装位置应在水流温度变化具有代表性、水流流速稳定的地方，不宜选择在阀门有阻力的附近及水流流速死角和振动较大的位置。

（4）水管压力与压差传感器的取压段大于管道口径的2/3时可安装在管道顶部，如取压段小于管道口径的2/3时应安装在管道的侧面或底部。

（5）水管型压力与压差传感器应安装在温、湿度传感器的上游侧。

（6）高压水管其压力传感器应装在进水管侧。

（7）低压水管其压力传感器应装在回水管侧。

（三）压力/压差传感器、压差开关的安装

压力/压差传感器、压差开关的安装要点如下：

（1）传感器应安装在便于调试、维修的位置。

（2）传感器应安装在温湿度传感器的后侧。

（3）风管型压力、压差传感器应在风管保温完成后安装。

（4）风管型压力传感器应安装在风管的直管段。

（5）水管型压力、压差传感器的安装应与工艺管道预制和安装的同时进行其开孔与焊接工作，必须在工艺管道的防腐、衬里、吹扫和压力试验前进行。

（6）蒸汽压力传感器应安装在管道顶部或下半部与工艺管道水平中心线成 45° 夹角的范围内。

（7）蒸汽压力传感器安装位置应选在蒸汽压力稳定的地方，不宜选在阀门等阻力部件的附近和蒸汽流动呈死角处以及振动较大的地方。

（8）蒸汽压力传感器应安装在温、湿度传感器的上游侧。

（9）风压压差开关安装离地高度不应小于 0.5 m。

（10）风压压差开关引出管的安装不应影响空调器本体的密封性。

（11）风压压差开关的线路应通过软管与压差开关连接。

（12）风压压差开关应避开蒸汽放空口。

（13）空气压差开关内的薄膜应处于垂直平面位置。

（14）水流开关上标识的箭头方向应与水流方向一致。

（15）水流开关应安装在水平管段上，不应安装在垂直管段上。

（四）流量传感器的安装

流量传感器的安装要点如下：

（1）流量传感器的安装一定要保证流量计表示的水流方向与管道中的水流方向一致。

（2）流量传感器一定要满足安装的直管段要求。

（3）流量传感器要安装在便于维修、调试的地方。

（4）管道式的流量传感器的安装应与工艺管道的安装同步进行。

（5）电磁流量计应安装在避免有较强的交直流磁场或有剧烈振动的场所。

（6）流量计、被测介质及工艺管道三者之间应该连成等电位，并应接地。

（7）电磁流量计应设置在流量调节阀的上游，流量计的上游应有直管段，长度 L 为 110D（D 为管径），下游段应有 4~5 倍管径的直管段。

（8）在垂直的工艺管道安装时，液体流向自下而上，以保证导管内充满被测液体或不致产生气泡，水平安装时必须使电极处在水平方向，以保证测量精度。

（9）涡轮式流量传感器安装时要水平，流体的流动方向必须与传感器壳体上所标示的流向标志一致，如果没有标志，可按下列方向判断流向：流体的进口端导流器比较尖，中间有圆孔；流体的出口端导流器不尖，中间没有圆孔。

（10）当可能产生逆流时，流量变送器后面装设止逆阀，流量变送器应装在测压点上游并距测压点 3.5~5.5 倍管径的位置，测温应设置在下游侧，距流量传感器 6~8 倍管径的位置。

（11）流量传感器需要装在一定长度的直管上，以确保管道内流速平稳。流量传感器上游应留有 10 倍管径的直管，下游有 5 倍管径长度的直管。若传感器前后的管道中安装有阀门、管道缩径、弯管等影响流量平稳的设备，则直管段的长度还需相应增加。

（12）流量传感器信号的传输线宜采用屏蔽和带有绝缘护套的电缆。

（五）空气质量传感器的安装

空气质量传感器的安装要注意下列问题：

（1）空气质量传感器一定要安装在便于调试、维修的地方。

（2）空气质量传感器和安装应在风管保温层完成后进行。

（3）探测气体比重轻的空气质量传感器应安装在风管或房间的上部，探测气体比重重的空气质量传感器应安装在风管或房间的下部。

（4）空气质量传感器应安装在回风通道内。

（5）空气质量传感器应安装在风管的直管段，如不能安装在直管段，则应避开风管内通风死角的位置。

（六）阀门驱动器的安装

阀门驱动器的安装要点如下：

（1）风阀控制器上的开闭箭头的指向应与风门开闭方向一致。

（2）风阀控制器与风阀门轴的连接应固定牢固。

（3）风阀的机械机构开启应灵活，无松动或卡滞现象。

（4）风阀控制器安装后，风阀控制器的开闭指示位应与风阀实际状态一致，风阀控制器宜面向便于观察的位置。

（5）风阀控制器与风阀门轴垂直安装，垂直角度不小于 85°。

（6）风阀控制器在安装前宜进行模拟动作。

（7）风阀控制器和输出力矩必须与风阀所需要的配合，符合设计要求。

（8）风机盘管电动阀应安装于风机盘管的回水管上。

（9）四管制风机盘管的冷热水管电动阀共用线应为零线。

（10）空气速度传感器应安装在风管的直管段，如不能安装在直管段，则应避开风管内通风死角的位置。

（11）电动阀阀体上箭头的指向应与水流方向一致；与空气处理机、新风机等设备相连的电动阀一般应装有旁通管路。

（12）电动阀的口径与管道通径不一致时，应采用渐缩管件，同时电动阀口径一般不应低于管道口径两个档次，并应经计算确定满足设计要求。

（13）电动阀执行机构应固定牢固，阀门整体应处于便于操作的位置，手动操作机构面向外操作。

（14）电动阀应垂直安装于水平管道上，尤其对大口径电动阀不能有倾抖。

（15）电动阀在安装前宜进行模拟动作和试压试验；电动阀一般安装在回水管上；电动阀在管道冲洗前，应完全打开，清除污物。

（16）电磁阀的口径与管道通径不一致时，应采用渐缩管件，同时电磁阀口径一般不应低于管道口径两个档次，并应经计算确定满足设计要求。

（17）执行机构应固定牢固，操作手柄应处于便于操作的位置；执行机构的机械传动应灵活，无松动或卡涩现象。

（18）电磁阀安装前应按安装使用说明书的规定检查线圈与阀体间的绝缘电阻；如条件许可，电磁阀在安装前宜进行模拟动作和试压试验；电磁阀一般安装在回水管口；电磁阀在管道冲洗前，应完全打开。

（七）DDC 安装

DDC 应安在现场靠近被控设备的地方，一般楼宇监控系统的 DDC 主要安装在弱电井、新风房、空调机房、冷冻站、高低压配电房等处。DDC 通过网络线与系统主机连接。DDC 由专用控制箱保护，控制箱的安装高度应距离地面 800 ~ 1 200 mm，控制箱放置在通风良好，光线充足，没有阳光直射的、干燥的地方。安装控制箱的地方的温度和湿度应满足 DDC 的工作条件。

控制箱内设备应布置整齐，箱中强电和弱电线缆分开走线，控制箱内应有可靠的接地措施。控制箱内应可靠接地，接地电阻应全部符合要求，大楼采用联合接地体，接地电阻要求小于 1 Ω。接地线要用符合要求的线缆接地。控制箱体也应接地，该地应与设备箱内的信号地分开，可接设备的安全地应符合安全地的条件。

安装 DDC 要注意以下操作步骤：

（1）安装前对 DDC 检查。对 DDC 盘内所有电缆和端子排进行目视检查，损坏或不正确不安装。

（2）加电检测。

（3）先安装控制盘。

（4）现场接线检查。控制盘安装完后，先不安装控制器，使用万用表或数字电压表，将量程设为高于 220 V 的交流电压挡位，检查接地脚与所有 AI, AO, DI 间的交流电压。测量所有 AI, AO, DI 信号线间的交流电压。若发现有 220 V 以下交流电压存在，查找根源，修正接线。注意：盘柜的所有内部线和外部线均要进行测试和检查，坚决杜绝强电串入弱电回路。

（5）接地测试。将仪表量程设在 0 ~ 20 kΩ 电阻挡。测量接地脚与所有 AI, AO, DI 接线端间的电阻。任何低于 10 kΩ 的测量都表明存在接地不良。检查敷线中是否有割、划破口，传感器是否同保护套管或安装支架发生短路。检查第三方设备是否通过接口提供了低阻抗负载到控制器的 I/O 端。为毫安输入信号安装 500 Ω 电阻。

（6）安装控制器。控制器安装后通电：将 DDC 盘内电源开关置于"断开"位置。此时将主电源从机电配电盘送入 DDC 箱。闭合 DDC 盘内电源开关，检查供电电源电压和各变压器输出电压。断开 DDC 盘内电源开关，安装控制器模块，将 DDC 盘内电源开关闭合。检查电源模块和 CPU 模块指示灯是否指示正常。

四、调试和试运行

1. 调试

监控系统的调试工作内容和主要步骤如下：

1）系统校线调试

监控系统的线缆一般包括通信线缆、控制线缆和供电线缆，校线调试应对全部接线进行测试，包括线缆两端接头的连接和线缆的导通性能等。

2）单体设备调试

单体设备包括监控机房设备（人机界面和数据库等）、控制器、各类传感器和各类执行器

（电动阀和变频器等）。

3）网络通信调试

网络通信包括监控机房之间、监控计算机与网络设备和控制器之间、监控系统与被监控设备自带控制单元之间、监控系统与其他智能化系统之间的通信。

4）各被监控设备的监控功能调试

根据项目的具体情况，被监控设备一般包括供暖通风及空气调节、给水排水、供配电、照明、电梯和自动扶梯等。各被监控设备的监控功能包括监测、安全保护、远程控制、自动启停和自动调节等。需要注意模拟全年运行可能出现的各种工况。

5）管理功能调试

管理功能包括用户操作权限管理、与其他智能化系统通信和集成、与智能化集成系统的通信和集成。

调试工作应形成书面记录，调试记录和根据调试记录整理的调试报告是日后进行验收、保养、维护的重要文档资料。监控系统调试结束后，应模拟全年运行中可能出现的各种工况，对被监控设备的监控功能和系统管理功能进行自检。在自检全部合格后，进行分项工程验收。

2. 试运行

施工安装和系统调试等分项工程验收合格，且被监控设备试运转合格后，应进行系统试运行。由于监控系统的功能实现与被监控设备相关，推荐有条件时联合进行试运行。但当试运行季节与设计条件相差较大时，冷（热）源设备无法同时开启。可根据工期进度安排试运行工作，其他工况的运行在 1～2 年内分期完成全部工况。

监控系统试运行应连续进行 120 h，并应在试运行期间对建筑设备监控系统的各项功能进行复核，且性能应达到设计要求。当出现系统故障或不合格项目时，应整改并重新计时，直至连续运行满 120 h 为止。

监控系统试运行时应填写《试运行记录》。试运行后应形成试运行报告，包括系统概况、试运行条件、试运行工作流程、安全防护措施、试运行记录和结论，当出现系统故障或不合格项目时，还应列出整改措施。

五、检测和验收

1. 检　测

监控系统检验主控项目：

（1）空调冷热源和水系统的监控功能内容应全数检测。

（2）空调机组、新风机组和通风机应按每类设备数量的 20% 抽样检测，且不得少于 5 台；不足 5 台时应全数检测。

（3）变风量空调末端和风机盘管应按 5% 抽样检测，且不得少于 10 台；不足 10 台时应全数检测。

（4）给水排水设备应按 50%抽样检测，且不得少于 5 组；不足 5 组时应全数检测。

（5）供配电设备的监测功能检测数量应符合下列规定：

① 高低压开关运行状态、变压器温度、应急发动机组工作状态、储油罐油量、报警信号、柴油发电机、不间断电源和其他应急电源，应全数检测。

② 其他供配电参数应按 20%抽样检测，且不得少于 20 点；不足 20 点时应全数检测。

（6）照明应按被监控回路总数的 20%抽样检测，且不得少于 10 个回路；总回路数少于 10 个的，应全数检测。

（7）管理功能的检测应符合下列规定：

① 应采用不同权限的用户登录，分别检查该用户具有权限的操作和不具有权限的操作。

② 当监控系统与互联网连接时，应检测安全保护技术措施。

③ 当监控系统设计采用冗余配置时，应模拟主机故障，检查冗余设备的投切。

④ 应检查数据的统计、报表生成和打印等功能。

（8）当监控系统与智能化集成系统及其他智能化系统有关联时，应全数检测监控系统提供的接口。

2. 验　收

（1）质量验收的组织。

施工质量验收的组织是保证验收有效性的重要环节，应该落实以下问题：

验收的组织者——召集人；

验收的参加者——应有代表性及相当的责权；

验收的签字者——代表对施工质量的确认。

对于智能建筑工程验收的组织，JGJ 334—2014《建筑设备监控系统工程技术规范》做出了详细的规定：

① 建设单位应组织工程验收小组负责工程验收；

② 工程验收小组的人员应根据项目的性质、特点和管理要求确定，并应推荐组长和副组长；验收人员的总数应为单数，其中专业技术人员的数量不应低于验收人员总数的 50%；

③ 建设单位项目负责人，总监理工程师，施工单位项目负责人和技术、质量负责人，设计单位工程项目负责人等，均应参加工程验收；

④ 验收小组应对工程实体和资料进行检查，并应做出正确、公正、客观的验收结论。

（2）验收内容。

验收小组的工作应包括检查验收文件、抽检和复核系统检测项目、检查观感质量。

（3）验收文件。

验收文件应包括下列内容：

① 竣工图纸；

② 设计变更和洽商；

③ 设备材料进场检验记录及移交清单；

④ 分项工程质量验收记录；

⑤ 试运行记录；

⑥系统检测报告或系统检测记录；

⑦培训记录和培训资料。

任务六　智能建筑设备监控管理系统实训

子任务一　建筑给水监控系统

【实训目的】

（1）掌握给水监控原理，绘制给水电气控制原理图；

（2）掌握水泵、配电柜、控制器、指令元件、操作元件的安装、接线；

（3）能使用组态软件实现给排水监控功能。

【实训设备、材料及工具准备】

设备及材料：THPWSD-1设备一套、线材若干。

工具：螺钉旋具、斜口钳、剥线钳、电烙铁、焊锡、接线端子、绝缘胶布等。

【实训任务】

（1）根据系统控制功能要求、端口定义表绘制生活给水变频控制系统的电气原理图。要求设计的电气原理图能实现以下功能：

①能通过面板上的旋钮开关实现 2 台生活水泵的手/自动切换和手动启停控制，且水泵正转。

②每台水泵都要有变频和工频两种工作状态，变频和工频之间要有电气互锁，变频器能通过切换电路实现两台水泵的变频切换控制，两台水泵的变频工作状态之间也要求有电气互锁。

③能通过 PLC 的 I0.5、I0.3、I0.2、I0.1 和 I0.0 输入端分别检测手/自动的状态、生活泵 1 变频、生活泵 1 工频、生活泵 2 变频和生活泵 2 工频的工作状态。

④能使用 PLC 的模拟量输入端通过压力变送器检测总管的工作压力。

⑤自动状态下能使用 PLC 的 Q0.3、Q0.2、Q0.1、Q0.0 四路端口分别实现生活泵 1 变频、生活泵 1 工频、生活泵 2 变频和生活泵 2 工频的变频和工频切换控制，水泵在变频控制下也是正转。

⑥两台生活泵控制都要有热过载保护。

（2）力控组态软件，实现以下功能：

①通过上位机能检测"当前工作状态""生活泵 1""生活泵 2"的工作状态；

②通过上位机能检测"信号蝶阀""压力开关""水流开关"的工作状态；

③通过上位机能检测"供水管道压力"和"水表数据"，其中"供水管道压力"要能通过

曲线反映出来；

④在上位机能通过"自动"和"停止"按钮控制 PLC 自动控制程序的启停；

⑤通过上位机能修改和设定"供水管道压力设定值""比例系数""积分时间"，并实现稳定的变频恒压供水控制。

（3）实训展示。

将实训结果进行展示。能用专业的语言对整个实训过程进行描述。

【实训报告】

（1）画出给水电气控制原理图。

（2）在表 2-4 中列出给排水监控系统所用清单及所需材料。

表 2-4　给排水监控系统设备、材料清单

序号	名称	型号	数量	备注

（3）在表 2-5 中列出给水设备监控点表。

表 2-5　给水设备监控点设置

序号	监控点功能描述	监控点数量	监控点类型				备注
			AI	AO	DI	DO	

（4）请写出小组成员及分工情况。

（5）分小组进行任务的实施。要求正确使用相关设备及工具，安全文明操作，现场工具设备摆放整齐，请记录下具体的实训过程。

（6）如发现问题，自己先分析查找故障原因，并进行记录。

子任务二　暖通空调监控系统方案设计

【实训目的】

（1）掌握暖通空调系统监控原理；

（2）能绘制暖通空调系统监控图，会做监控点表设置。

【实训条件】

（1）教师提供某高校暖通空调系统图及平面图。
（2）计算机机房，每人一台计算机。

【实训任务】

（1）在教师指导下能识读暖通空调系统图及平面图。
（2）参考现行 GB/T 50314《智能建筑设计标准》，按甲级智能建筑设计标准做出暖通空调监控设计方案。

【实训报告】

分组完成监控设计方案报告，报告包含内容：
（1）工程概述。
（2）总体设计方案。
（3）系统监控功能。
（4）监控系统结构图。
（5）监控点表。
（6）设备清单。
（7）小组成员及分工情况。

思考与练习题

一、填空题

1. 给水管道分为干管、_____、_____。
2. 在水泵参数中，水泵给予单位质量液体的能量叫作_____。
3. 当水箱中水位达到_____水位时，水泵停止向水箱供水。
4. 室内排水系统按排除水的性质可分为_____、_____、_____。
5. 暖通空调系统需要_____或_____提供冷媒或热媒。
6. 监测风机的运行状态，即根据风机两侧的_____，异常时报警。
7. 用电负荷等级分为_____、_____、_____。
8. C-Bus 智能照明系统由_____、_____及_____三大部分组成。
9. 室内外温、湿度传感器不应安装在_____、受其他辐射热影响的位置，应远离有高振动或电磁场干扰的区域。

10. 水流开关应安装在_____上，不应安装在垂直管段上。

11. 流量传感器的安装一定要保证流量计表示的水流方向与管道中的_____方向一致。

12. DDC 应安在现场靠近被控设备的地方，一般楼宇监控系统的 DDC 主要安装在_____、_____、_____、冷冻站、高低压配电房等处。

二、简答题

1. 室内给水系统的供水方式有哪些？

2. 空调冷源系统监控主要用到的设备有哪些？

3. 中央控制及网络通信设备的安装要注意的要求有哪些？

第三章　火灾自动报警及消防联动控制系统

（1）火灾自动报警及消防联动设备各子系统的组成、工作原理及作用；
（2）火灾自动报警控制器、火灾探测器的主选用及设置；
（3）火灾自动报警及消防联动设备安装技术要求。

（1）具备正确选用报警设备的能力；
（2）能进行基本的火灾自动报警线路接线、调试；
（3）能按智能化标准指导报警系统施工。

任务一　火灾自动报警及消防联动控制系统的工作原理

掌握火灾自动报警及消防设备联动各子系统的组成、工作原理及作用。

火灾自动报警及消防联动系统，作为火灾的先期预报、火灾的及时扑灭、保障人身和财产安全，起到了不可替代的作用。火灾自动报警系统是人们为了早期发现火灾，并及时采取有效措施，控制和扑灭火灾，而设置在建筑物中或其他场所的一种自动消防设施，是人类同火灾做斗争的有力工具。

一、火灾自动报警及消防联动控制系统概述

一个完整的智能化消防系统由火灾自动报警及消防设备联动系统组成，分为"防""消"和"诱导疏散"三部分（后两部分也可以称为消防设备联动系统），由若干子系统组成，其系

统框图如图 3-1 所示。

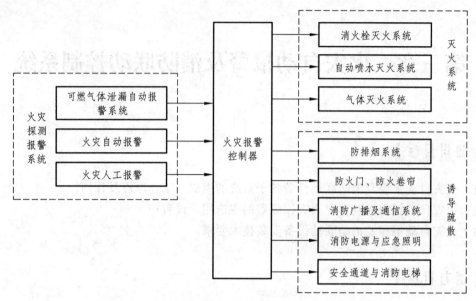

图 3-1　火灾自动报警及消防联动控制系统结构框架

"防火"即探测并警示火灾的发生，主要由火灾自动报警系统完成；"灭火"即扑灭火灾，常用的灭火系统包括消火栓系统、自动喷水系统、气体灭火系统等；"诱导疏散"指在火灾发生过程中，通过对楼宇设备的联动控制，排散烟气，及时疏散人群，把火灾危害控制到最低，诱导疏散系统有防排烟系统、防火门、防火卷帘、消防广播等。

二、火灾自动报警系统

1. 火灾自动报警系统的工作原理

火灾自动报警系统一般由火灾探测器、区域报警器和集中报警器组成。火灾探测器通过对火灾发出的物理、化学现象——气（燃烧气体）、烟（烟雾粒子）、热（温度）、光（火焰）的探测，将探测到的火情信号转化成火警电信号传递给火灾报警控制器。区域报警器将接收到火警信号后经分析处理发出声光报警信号，警示消防控制中心的值班人员，并在屏幕上显示出火灾的房间号。集中报警是将接收到的信号以声光形式表现出来，其屏幕上也显示出着火的楼层和房间号，利用本机专用电话还可迅速发出指示和向消防队报警。此外，也可以控制有关的灭火系统或将火灾信号传输给消防控制室。火灾自动报警系统的工作原理如图 3-2 所示。

安装在保护区的探测器不断地向所监视的现场发出巡检信号，监视现场的烟雾浓度、温度等，并不断反馈给报警控制器，控制器将接到的信号与内存的正常整定值比较、判断确定火灾。当发生火灾时候，发出声光报警，显示火灾区域或楼层房号的地址编码，并打印报警时间、地址等。同时向火灾现场发出警铃报警，在火灾发生楼层的上下相邻层或火灾区域的相邻区域也同时发出报警信号，以显示火灾区域。各应急疏散指示灯亮，指明疏散方向。

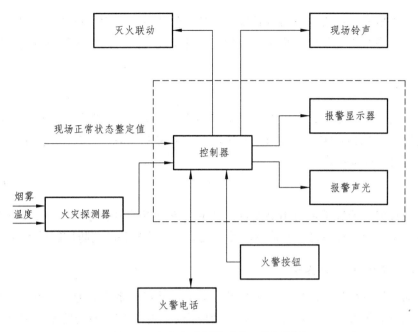

图 3-2　火灾自动报警系统工作原理图

2. 火灾自动报警系统组成

火灾探测报警系统由火灾报警控制器、触发器件和火灾警报装置等组成，它能及时、准确地探测被保护对象的初起火灾，并做出报警响应，从而使建筑物中的人员有足够的时间在火灾尚未发展蔓延到危害生命安全的程度时疏散至安全地带，是保障人员生命安全的最基本的建筑消防系统。火灾自动报警系统组成如图 3-3 所示。

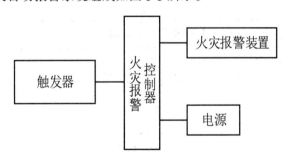

图 3-3　火灾自动报警系统

1）触发器件

在火灾自动报警系统中，自动或手动产生火灾报警信号的器件称为触发器件，主要包括火灾探测器和手动火灾报警按钮。火灾探测器是能对火灾参数（如烟、温度、火焰辐射、气体浓度等）响应，并自动产生火灾报警信号的器件。手动火灾报警按钮是手动方式产生火灾报警信号、启动火灾自动报警系统的器件。

2）火灾报警控制器

在火灾自动报警系统中，用以接收、显示和传递火灾报警信号，并能发出控制信号和具有其他辅助功能的控制指示设备称为火灾报警控制器。火灾报警控制器担负着为火灾探测器提供稳定的工作电源，监视探测器及系统自身的工作状态，接收、转换、处理火灾探测器输出的报警信号，进行声光报警，指示报警的具体部位及时间，同时执行相应辅助控制等诸多任务。

3）火灾警报装置

在火灾自动报警系统中，用以发出区别于环境声、光的火灾警报信号的装置称为火灾警报装置。它以声、光和音响等方式向报警区域发出火灾警报信号，以警示人们迅速采取安全疏散，以及进行灭火救灾措施。

4）电源

火灾自动报警系统属于消防用电设备，其主电源应当采用消防电源，备用电源可采用蓄电池。系统电源除为火灾报警控制器供电外，还为与系统相关的消防控制设备等供电。

3. 火灾自动报警系统基本形式

火灾自动报警系统的组成形式有很多种。火灾自动报警系统分为区域报警系统、集中报警系统和控制中心报警系统。此外，火灾自动报警系统中常用的有智能型、综合型等形式，然而这些系统不会分为是区域报警系统或集中报警系统，都是对整个火灾自动报警系统进行全面的监视。

1）区域报警系统

区域报警系统由区域火灾报警控制器和火灾探测器等组成，或由火灾的控制器和火灾探测器等组成，功能简单的火灾自动报警系统称为区域报警系统，适用于较小范围的保护。区域报警系统的基本形式如图3-4所示。

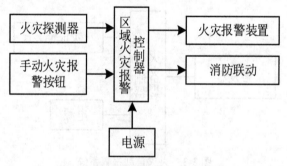

图3-4   区域报警系统的基本形式

区域火灾报警控制器的主要特点是控制器直接连接火灾探测器，处理各种报警信号，是组成自动报警系统最常用的设备之一。区域报警控制器是负责对一个报警区域进行火灾监测的自动工作装置。一个报警区域包括很多个探测区域（或称探测部位）。一个探测区域可有一个或几个探测器进行火灾监测，同一个探测区域的若干个探测器是互相并联的，共同占用一个部位编号，同一个探测区域允许并联的探测器数量视产品型号不同而有所不同，少则五六个，多则二三十个。区域报警控制器平时巡回检测该报警区内各个部位探测器的工作状态，发现火灾信号或故障信号，及时发出声光警报信号。如果是火灾信号，在声光报警的同时，有些区域报警控制器还有联动继电器触点动作，启动某些消防设备的功能。这些消防设备有排烟机、防火门、防火卷帘等。如果是故障信号，则只是声光报警，不联动消防设备。

区域报警控制器接收到来自探测器的报警信号后，在本机发出声光报警的同时，还将报警信号传送给位于消防控制室内的集中报警控制器。自检按钮用于检查各路报警线路故障（短路或开路）发出模拟火灾信号检查探测器功能及线路情况是否完好。当有故障时便发出故障报警信号（只进行声、光报警，而记忆单元和联动单元不动作）。

2）集中报警系统

集中报警控制系统是由电子线路组成的集中自动监控报警装置，各个区域报警巡回检测带的信号均集中到这一总的监控报警装置。它具有部位指示、区域显示、巡检、自检、火灾报警音响、计时、故障报警、记录打印等一系列功能，在发出报警信号同时可自动采取系统的消防功能控制动作，达到消防的目的和手段，适用于较大范围内多个区域的保护。集中报警系统的基本形式见图3-5。

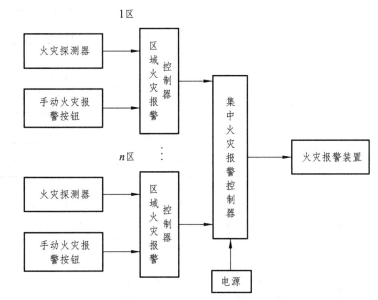

图 3-5　集中报警系统的基本形式

集中报警控制器的设置应该满足以下规定：

（1）系统中应设有一台集中报警控制器和两台以上区域报警控制器。

（2）集中报警控制器的容量不宜小于保护范围内探测区域总数。

（3）集中报警控制器距墙不应小于 1 m，正面的操作距离不应小于 2 m。

（4）区域报警控制器的设置应符合上述区域报警控制系统的有关要求。

3）控制中心报警系统

由消防控制室的消防控制设备、集中火灾报警控制器、区域火灾报警控制器和火灾自动报警探测器等组成，或由消防控制室的消防控制设备、火灾报警控制器、区域显示器和火灾自动报警探测器等组成。功能复杂的火灾自动报警系统，容量较大，消防设施控制功能较全，适用于大型建筑的保护。控制中心报警系统的基本形式见图3-6。

（1）系统中应至少设置一台集中报警控制器和必要的消防控制设备。

（2）设在消防控制室以外的集中报警控制器，均应将火灾报警信号和消防联动控制信号送至消防控制室。

（3）区域报警控制器和集中报警控制器的设置，应符合上述控制中心报警系统的有关要求。

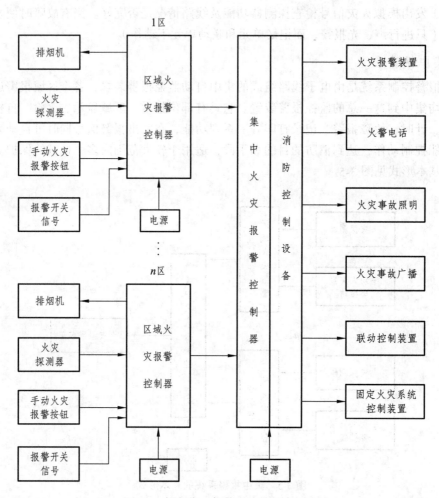

图 3-6   控制中心报警系统的基本形式

4）智能火灾自动报警系统

火灾自动报警系统智能化是使探测系统能模仿人的思维，主动采集环境温度、湿度、灰尘、光波等数据模拟量并充分采用模糊逻辑和人工神经网络技术等进行计算处理，对各项环境数据进行对比判断，从而准确地预报和探测火灾，避免误报和漏报现象。发生火灾时，能依据探测到的各种信息对火场的范围、火势的大小、烟的浓度以及火的蔓延方向等给出详细的描述，甚至可配合电子地图进行形象显示、对出动力量和扑救方法等给出合理化建议，以实现各方面快速准确反应联动，最大限度地降低人员伤亡和财产损失，而且火灾中探测到的各种数据可作为准确判定起火原因、调查火灾事故责任的科学依据。此外，规模庞大的建筑使用全智能型火灾自动报警系统，即探测器和控制器均为智能型，分别承担不同的职能，可提高系统巡检速度、稳定性和可靠性。智能火灾自动报警系统的基本形式如图 3-7 所示。

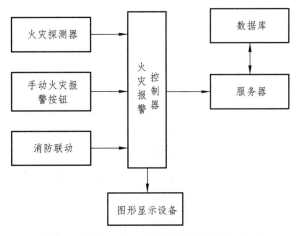

图 3-7　智能火灾自动报警系统的基本形式

　　智能建筑火灾自动报警系统涉及的主要技术包括火灾信息的有效检测与火灾模式识别技术，火灾探测信息数据处理与火灾自动报警技术，消防设备联动控制与消防设备电气配线技术，自动消防系统计算机管理与监控数据网络通信技术，火灾监控系统工程设计、施工管理和使用维护技术。

　　智能火灾自动报警系统以先进的火灾测控技术和独特的报警装置的高分辨率，不但能报出大楼内火警所在的位置和区域，而且还能进一步分辨出是所连接的哪一个装置在报警以及装置的类型、本大楼消防系统的具体处理方式等；系统可以使大楼的灯光、照明、配电、音响与广播、电梯等装置，通过中央监控装置或系统实现联动控制，实现通信、办公和保安系统的自动化。一般来说，智能火灾自动报警系统应具备以下几个方面的性能要求：

　　（1）具有模拟量或智能化火灾探测方法和总线制系统结构；

　　（2）现场火灾探测器或传感器能采集动态数据并有效传输；

　　（3）报警控制器具有火灾识别模型，火灾报警可靠及时，误报率低；

　　（4）系统具有报警阈值自动修正、灵敏度高等判优等功能；

　　（5）系统工作稳定，消防设备联动控制功能丰富，逻辑编程便利；

　　（6）系统具有数据共享、电源与设备监控、网络服务和消防设备管理功能；

　　（7）系统具有良好的人机界面和应用软件，具有综合管理和服务能力。

三、消防灭火系统

消防灭火系统包括各种介质，如液体、气体、干粉的喷洒装置，是直接用于扑灭火灾的。

1. 自动喷水灭火系统

　　自动喷水灭火系统指由洒水喷头、报警阀组、水流报警装置（水流指示器或压力开关）等组件，以及管道、供水设施组成的自动灭火系统。按规定技术要求组合后的系统，应能在初期火灾阶段自动启动喷水、灭火或控制火势的发展蔓延。自动喷水灭火系统是目前国际上应用范围最广、用量最大、灭火成功率最高、造价最为低廉的固定灭火设施，并被公认是最为有效的建筑火灾自救设施。自动喷水灭火系统的结构如图 3-8 所示。

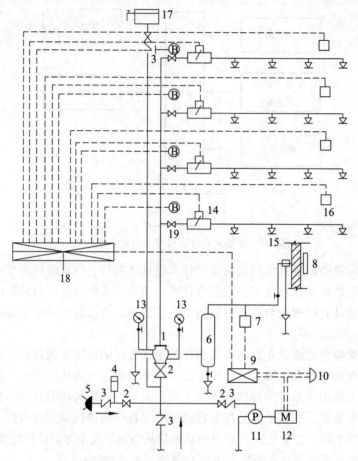

图 3-8　自动喷水灭火系统的结构

1—湿式报警阀；2—闸阀；3—止回阀；4—安全阀；5—消防水泵接合器；6—延迟器；7—压力开关（压力继电器）；
8—水力警铃；9—自控箱；10—按钮；11—水泵；12—电机；13—压力表；14—水流指示器；15—喷头；
16—感烟探测器；17—高水箱；18—火灾报警控制器；19—报警按钮

1）自动喷水灭火系统的主要设备

（1）喷头。

喷头是自动喷水灭火的关键部件，起着探测火灾、喷水灭火的重要作用。由喷头架、溅水盘和喷水口堵水支撑等组成。自动喷水灭火系统按喷头的开闭形式分为闭式自动喷水灭火系统和开式自动喷水灭火系统。前者有湿式、干式和预作用自动喷水灭火系统之分，后者有雨淋式喷水灭火系统、水幕消防系统和水喷雾灭火系统之分。图 3-9 所示为喷头形式。

（a）玻璃球喷头　　（b）易熔元件喷头　　（c）开式喷头

图 3-9　喷头形式

（2）报警阀。

报警阀具有控制供水、启动系统及发出报警的作用。不同类型的自动喷水灭火系统必须配备不同功能和结构的专用报警阀。

（3）水力警铃。

水力警铃主要用于湿式喷水灭火系统，宜装在报警阀附近。当报警阀打开消防水源后，具有一定压力的水流冲击叶轮打铃报警。

（4）压力开关。

压力开关垂直安装于延迟器和水力警铃之间的管道上，在水力警铃报警的同时，依靠警铃内水压升高自动接通电触点，完成电动警铃报警，向消防控制室传递电信号或者启动消防泵。

（5）延迟器。

延迟器用来防止由于水压波动等原因造成的报警阀开启而导致误报。

（6）水流指示器。

水流指示器当某个喷头开启喷水或者管网发生水量泄漏时，管道内的水流产生流动，引起指示器动作，进而接通延时电路，发出区域水流电信号，送至消防室。

（7）火灾报警控制器。

火灾报警控制器用来接收火灾信号并启动火灾报警装置，能通过火警发送装置启动火灾报警信号或通过自动消防灭火控制装置启动自动灭火设备和消防联动控制设备。能自动地监视系统的正确运行和对特定故障给出声、光报警。

2）湿式喷水灭火系统动作程序

当发生火灾时，温度上升，喷头上装有热敏液体的玻璃球达到动作温度时，由于液体的膨胀而使玻璃球炸裂，喷头开始喷水灭火。喷头喷水导致管网的压力下降，报警阀后压力下降使阀板开启，接通管网和水源以供水灭火。报警阀动作后，水力警铃经过延时器的延时（大约 30 s）后发出声报警信号。管网中的水流指示器感应到水流动时，经过一段时间 20 ~ 30 s 的延时，发出电信号到控制室。当管网压力下降到一定值时，管网中压力开关也发出电信号到控制室，启动水泵供水。湿式喷水灭火系统动作程序如图 3-10 所示。

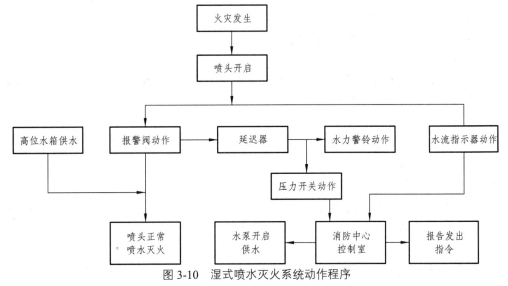

图 3-10　湿式喷水灭火系统动作程序

2. 消火栓灭火系统

按国家有关设计规范的要求，绝大多数建筑物必须设置消火栓灭火系统，作为最基本的灭火设备。消火栓灭火系统分为室内消火栓系统和室外消火栓系统。室内消火栓系统由消防水带、消防水枪、消火栓按钮、消防软管卷盘等组成。室外消火栓系统与城镇自来水管网相连，既可用于消防车取水，又可连接水带、水枪，直接出水灭火。室内消火栓灭火系统如图 3-11 所示。

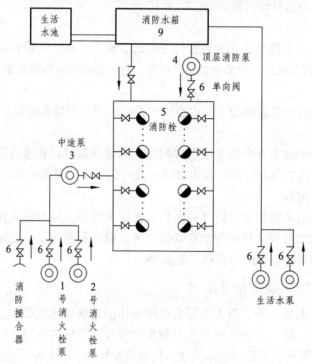

图 3-11 室内消火栓灭火系统

1）消火栓灭火系统的主要设备

（1）消火栓。

消火栓是具有内扣式接口的球形阀式水龙头。一端与消防立管相连，一端与水龙带相连，有单出口和双出口之分。建筑中一般采用单出口消火栓。

（2）水龙带。

常用的有帆布、麻布、衬胶三种，衬胶水龙带压力损失小，但是折叠性能较差。水龙带一端与消火栓相连，一端与水枪相连。

（3）水枪。

水枪常用铜、塑料、铝合金等不易锈蚀的材料制造，按照有无开关分为直流式和开关式两种。室内一般采用直流式水枪。

（4）消防卷盘。

消防卷盘是设在建筑高度超过 100 m 的超高层建筑的重要辅助灭火设备。它是供非专业消防人员使用的简易消防设备，可及时控制初期火灾。

（5）消防栓箱。

消防栓箱用来放置消防栓、水龙带、水枪，一般嵌入墙体安装，也可以明装和半暗装。

一般设在建筑物内经常有人通过、明显、便于使用之处。表面一般设有玻璃门，并贴有"消防栓"标志，平时封锁，使用时击碎玻璃，按照消防水泵启动电钮启动水泵，取水枪开栓灭火。

2）室内消火栓灭火系统动作程序

火灾时，消防控制电路接收系统发出消防水泵启动的主令控制信号，消防水泵启动，向室内消防管网提供压力水；压力传感器监视管网水压，并将水压信号送至消防控制电路，形成反馈控制。室内消火栓灭火系统动作程序如图 3-12 所示。

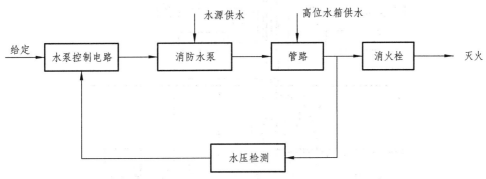

图 3-12　室内消火栓灭火系统动作程序

3）消火栓泵的电气控制

消火栓泵的电气控制有以下几种方式：

（1）消火栓按钮控制消防水泵启停。

火灾时，工作人员用小锤击碎消火栓按钮上的玻璃罩，按钮盒中按钮自动弹出，接通消防水泵启动线路（各消火栓按钮在电路上串联）。这时报警控制器发出火灾报警信号，同时控制事先编制好的程序发出相应的指令，自动启动消防泵。启动消防泵后通过启动泵回授线确认消防泵已启动，并点亮消火栓按钮的回授灯，以便通知现场人员用水灭火。消火栓按钮发出启动信号后，在消防控制室应有声光报警。

（2）消防控制室发出主令控制信号控制消防水泵启停。

设置在火灾现场的探测器将探测的火灾信号送至消防控制室的火灾报警控制器，然后由火灾报警控制器发出联动控制信号，启停消防水泵。

（3）在消防控制室通过手动控制线人工启动消防水泵。

（4）消防水泵的就地控制。

消防水泵的就地控制是在消防水泵房水泵控制箱上就地控制，是远距离控制的辅助手段。

3．气体灭火系统

1）气体灭火系统的组成

气体灭火控制装置一般由气体灭火控制器（或控制单元）、感温探测器、感烟探测器、紧急启停按钮、声光报警器、放气指示灯等组成。有些保护场所（保护区可能存在可燃气或爆炸性气体的场所）时要求选用防爆型感烟、感温探测器。气体灭火系统设有自动、手动和机械应急操作三种启动方式，当局部系统用于经常有人的现场时可不设自动控制。手动操作装置（一般为紧急启动、停止按钮），设在防护区外便于操作的地方，能在一处完成系统启动的全部操作，局部应用灭火系统的手动操作装置应设在保护对象附近。气体灭火系统如图 3-13 所示。

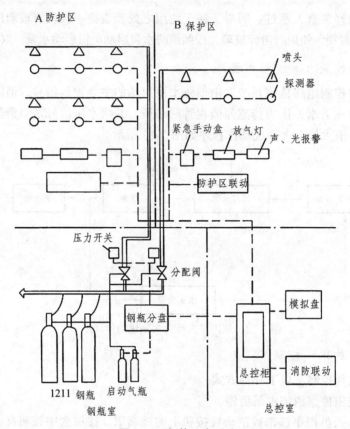

图 3-13   气体灭火系统

2）气体灭火系统动作程序

当某分区发生火灾，感烟感温探测器均报警，则控制器上的报警灯亮，由电铃发出警报音响，并向火灾现场发出声光报警。灭火指令延迟 20～30 s 发出，以保证值班人员有时间确认火灾是否发生。值班人员确认火灾后，执行电路自动启动气瓶的电磁瓶头阀，释放充压氮气，将卤代烷钢瓶阀门打开，释放卤代烷气体灭火。压力开关将反馈信号至控制柜，显示卤代烷放气信号，气体喷洒指示灯亮，并发出声光报警。气体灭火系统动作程序如图 3-14 所示。

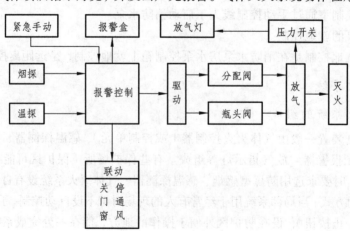

图 3-14   气体灭火系统动作程序

四、消防诱导疏散系统

火灾发生过程中，有效地诱导疏散系统，会极大地保护人们的生命安全。因此，火灾诱导疏散设施的设置是必需的。

1. 消防通信系统

消防通信系统是指利用有线、无线、计算机以及简易通信方法，以传送符号、信号、文字、图像、声音等形式表述消防信息的一种专用通信方式。火灾发生后，为了便于组织人员和组织救援活动，必须建立独立的通信系统用于消防监控中心与火灾报警器设置点及消防设备机房等处的紧急通话。

火灾事故紧急电话通常采用集中式对讲电话，主机设在消防监控中心，在大楼的各楼层的关键部位及机房等重地均设有与消防监控中心紧急通话的插孔，巡视人员所带的话机可随时插入插孔进行紧急通话。

2. 消防广播系统

消防广播系统是一种专用的消防警报系统，其作用为：在发生火灾时，通过广播向火灾楼层或整体大厦发出指示，进行通报报警，以引导人们迅速撤离火灾楼层或火灾区域的方向和方法。消防广播系统与大厦的音响及紧急广播系统合用扬声器，但要求在火灾事故发生时立即投入，且设在扬声器处的开关或音量控制不再起作用。火灾事故广播即可以选层播，也可以对整栋大厦广播，既可以用麦克风临时指挥，又可以播放预制的录音带。

消防控制设备应按疏散顺序接通火灾报警装置和火灾事故广播。当确认火灾后，警报装置的控制程序如下：二层及二层以上楼层发生火灾，宜先接通着火层及其相邻的上下层；首层发生火灾，宜先接通本层、二层及地下层；地下层发生火灾，宜先接通地下各层及首层。

3. 防排烟控制系统

1）防火门、防火卷帘

防火门及防火卷帘都是防火分隔物，有隔火、阻火、防止火热蔓延的作用。在消防工程应用中，防火门及防火卷帘的动作通常都是与火灾监控系统联锁的，其电气控制逻辑较为特殊，是建筑中应该认真对待的被控对象。防火门的控制可用手动控制或电动控制（即现场感烟、感温火灾探测器控制，或由消防控制中心控制）。当采用电动控制时，需要在防火门上配有相应的闭门器及释放开关。

防火卷帘一般设在大楼防火分区通道口处，一旦消防监控中心对火灾确认后，通过消防控制器控制卷帘的电机转动，使卷帘下落。在放火卷帘的内外两侧都设有紧急升降按钮的控制盒，该控制盒的作用主要是用于火灾发生后让部分还未撤离火灾现场的人员通过人工按紧急升按钮，使防火卷帘升起来，让未撤离现场的人员迅速离开现场；当人员全部安全撤离后再按紧急降按钮，使防火卷帘的卷帘落下。上述这些动作也可以通过消防监控中心对防火卷帘的升降进行控制，在卷帘设备的中间有限位开关，其作用是当卷帘下落到离地面某一限定高度时，如离地面 1.5 m，电机便停止转动，经过一段时间的延迟后，控制卷帘电机重新启动转动，使卷帘继续下落直至到底。

消防控制设备对防火门、防火卷帘系统应有下列控制、显示功能：关闭有关部位的防火门、防火卷帘；发出控制信号，强制电梯全部停于首层；接通火灾事故照明灯和疏散指示灯；切断有关部位的非消防电源；并接收上述反馈信号。

2）排烟口、排烟风机

火灾发生时产生的烟雾主要是以一氧化碳为主，这种气体具有强烈的窒息作用，对人员的生命构成极大的威胁。因此，火灾发生后应该立即启动防排烟设备，把烟雾以最快的速度迅速排出，尽量防止烟雾扩散。

防烟设备的作用是防止烟气侵入疏散通道，而排烟设备的作用是消除烟气大量积累并防止烟气扩散到疏散通道。因此，防烟、排烟设备及其系统是综合性的自动消防系统的必要组成部分。在排烟系统中，风机的控制应按防排烟系统的组成进行设计，其控制系统通常可由消防控制室、排烟口及就地控制等装置组成。就地控制是将转换开关打到手动位置，通过按钮启动或停止排烟风机，用以检修。排烟风机可由消防联动模块控制或就地控制。联动模块控制时，通过联锁触点启动排烟风机。当排烟风道内温度超过 280 ℃ 时，防火阀自动关闭，通过联锁接点，使排烟风机自动停止。排烟送风系统的控制原理如图 3-15 所示。

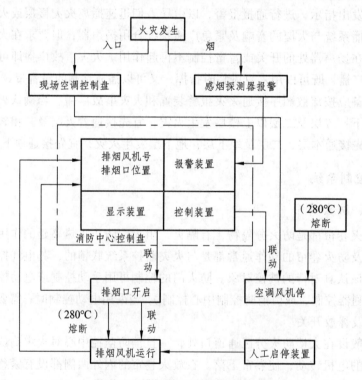

图 3-15 排烟送风系统的控制原理

当发生火灾时，各部分的联动工作情况如表 3-1 所示。

表 3-1　火灾发生时各系统的工作情况

消防设备	火灾确认后联动要求
室内消火栓系统、 水喷淋系统	1. 控制系统启停； 2. 显示消防水泵的工作状态； 3. 显示消火栓按钮的位置； 4. 显示水流指示器、报警阀、安全信号阀的工作状态
防排烟设施、 空调通风设施	1. 停止有关部位空调送风，关闭防火阀并接收其反馈信号； 2. 启动有关部位的防烟、排烟风机、排烟阀等，并接收其反馈信号； 3. 控制挡烟垂壁等防烟设施
防火卷帘门	1. 感烟报警，卷帘门下降至楼面 1.8 m 处； 2. 感温报警，卷帘门下降到底； 3. 防火分隔时，探测器报警后卷帘下降到底
消防应急照明及 紧急疏散标志灯	有关部位全部点亮
火灾警报装置应急广播	1. 二层及以上楼层起火，应先接通着火层及相邻上下层； 2. 首层起火，应先接通本层、二层及全部底下层； 3. 地下室起火，应先接通地下各层及首层； 4. 含多个防火分区的单层建筑，应先接通着火的防火分区
电梯	迫降至底层
非消防电源箱	有关部位全部切断

4. 消防应急照明系统

当火灾发生时，电线可能被烧断，有时火灾就是由电线的短路等原因引起，为了防止灾情的蔓延扩大，必须人为地切断部分电源。在这种情况下，为了保证人员能安全顺利疏散，在消防联动控制系统中，除了在前面已经介绍的几种联动功能外，还需要设置应急照明和疏散指示标志灯。

1）应急照明的使用类型

（1）消防应急工作照明。

消防应急工作照明一般设置在配电房、消防水泵房、消防电梯机房、消防控制室、排烟机房、自备发电机房、电话总机房等火灾发生时仍需正常工作的场所。其应急工作时间要求不低于 90 min，并满足正常工作照度要求。

（2）疏散照明。

疏散照明一般设置于公共走道及楼梯间。火灾发生时，疏散照明不应受现场开关控制。疏散照明的应急工作时间不应低于 30 min。

（3）疏散指示和安全出口指示。

疏散指示能够为人员疏散提供明确的引导方向及途径，一般安装于公共走道及疏散楼梯中，位于地面或墙壁。在地面安装的疏散指示，要求间距小，使匍匐前进的人员能清楚地辨认。在墙上安装的疏散指示离地面 1 m 以下，其间距不大于 20 m。

安全出口指示安装在安全出口上方，指导受困人员找到出口。安全出口指示的应急工作时间不应低于 30 min。

2）应急照明的控制方式

（1）采用带蓄电池的应急照明。其优点是安装、检查、维修方便，但大型工程灯具数量多时，分散检修维护比较烦琐、工作量大，而且不能进行集中监控，不能满足现代建筑智能化的要求。

（2）采用双回路供电切换作备用电源，即发生火灾时切断非消防电源，另一回路供电给应急照明灯和疏散指示标识。

（3）采用双回路切换供电的同时，再在应急灯内装蓄电池，形成三路线制。

（4）采用集中蓄电池电源，发生火灾断电后，由蓄电池供给应急照明灯和疏散指示标识。集中电源方式一般是采用集中控制。

任务二　火灾自动报警系统施工

【任务描述】

（1）了解报警与探测区域划分；
（2）熟悉并掌握火灾报警系统的设计要点和火灾报警器的选择；
（3）掌握火灾报警系统典型设备的安装技术要求。

【相关知识】

一、火灾自动报警及联动控制系统设计要点

1. 确定报警与探测区域

报警区域应根据防火分区或楼层划分。一个报警区域宜由一个或同层相邻几个防火分区组成，但不得跨越楼层。

探测区域应按独立房（套）间划分。一个探测区域的面积不宜超过 500 m²，红外光束线型感烟探测器的探测区域长度不宜超过 100 m；缆式感温火灾探测器的探测区域长度不宜超过 200 m。另外，楼梯间、电梯前室、走道、管道井、建筑物夹层等场所应分别单独划分探测区域。

2. 火灾探测器的选择

火灾探测器根据感应原理分为感烟、感温及光电探测器等，还可根据探测范围分为点式和线性探测器，点式探测器适用于饭店、旅馆、教学楼、办公楼的厅堂、卧室、办公室等，保护面积过大且房间高度很高的场所（如体育场馆、会堂、音乐厅等）宜用线性探测器。

GB 50116—2013《火灾自动报警系统设计规范》要求火灾探测器的选择应符合下列规定：

（1）对火灾初期有阴燃阶段，产生大量的烟和少量的热，很少或没有火焰辐射的场所，应选择感烟火灾探测器。

（2）对火灾发展迅速，可产生大量热、烟和火焰辐射的场所，可选择感温火灾探测器、感烟火灾探测器、火焰探测器或其组合。

（3）对火灾发展迅速，有强烈的火焰辐射和少量烟、热的场所，应选择火焰探测器。

（4）对火灾初期有阴燃阶段，且需要早期探测的场所，宜增设一氧化碳火灾探测器。

（5）对使用、生产可燃气体或可燃蒸气的场所，应选择可燃气体探测器。

（6）应根据保护场所可能发生火灾的部位和燃烧材料的分析，以及火灾探测器的类型、灵敏度和响应时间等选择相应的火灾探测器，对火灾形成特征不可预料的场所，可根据模拟试验的结果选择火灾探测器。

（7）同一探测区域内设置多个火灾探测器时，可选择具有复合判断火灾功能的火灾探测器和火灾报警控制器。

适宜选用和不适宜选用火灾探测器的场所情况如表 3-2 所示。

表 3-2　适宜选用和不适宜选用火灾探测器的场所

类型		适宜选用的场所	不适宜选用的场所
点型感烟火灾探测器	离子式	① 饭店、旅馆、教学楼、办公楼的厅堂、卧室、办公室、商场、列车载客车厢等； ② 计算机房、通信机房、电影或电视放映室等； ③ 楼梯、走道、电梯机房、车库等； ④ 书库、档案库等	① 相对湿度经常大于 95%； ② 气流速度大于 5 m/s； ③ 有大量粉尘、水雾滞留； ④ 可能产生腐蚀性气体； ⑤ 在正常情况下有烟滞留； ⑥ 产生醇类、醚类、酮类等有机物质
	光电式		① 有大量粉尘、水雾滞留； ② 可能产生蒸气和油雾； ③ 高海拔地区； ④ 在正常情况下有烟滞留
点型感温火灾探测器		① 相对湿度经常大于 95%； ② 可能发生无烟火灾； ③ 有大量粉尘； ④ 吸烟室等在正常情况下有烟或蒸气滞留的场所； ⑤ 厨房、锅炉房、发电机房、烘干车间等不宜安装感烟火灾探测器的场所； ⑥ 需要联动熄灭"安全出口"标志灯的安全出口内侧； ⑦ 其他无人滞留且不适合安装感烟火灾探测器，但发生火灾时需要及时报警的场所	① 可能产生阴燃火或发生火灾不及时报警将造成重大损失的场所，不宜选择点型感温火灾探测器； ② 温度在 0 ℃ 以下的场所，不宜选择定温探测器； ③ 温度变化较大的场所，不宜选择具有差温特性的探测器

类型	适宜选用的场所	不适宜选用的场所
点型火焰探测器或图像型火焰探测器	① 火灾时有强烈的火焰辐射； ② 可能发生液体燃烧等无阴燃阶段的火灾； ③ 需要对火焰做出快速反应	① 在火焰出现前有浓烟扩散； ② 探测器的镜头易被污染； ③ 探测器的"视线"易被油雾、烟雾、水雾和冰雪遮挡； ④ 探测区域内的可燃物是金属和无机物； ⑤ 探测器易受阳光、白炽灯等光源直接或间接照射
可燃气体探测器	① 使用可燃气体的场所； ② 燃气站和燃气表房以及存储液化石油气罐的场所； ③ 其他散发可燃气体和可燃蒸气的场所	除适宜选用场所之外的所有场所

由于各种探测器特点各异，其适于房间高度也不尽一致，为了使选择的探测器能更有效地达到保护的目的，表 3-3 列举了几种常用的探测器对房间高度的要求。

表 3-3　对不同高度的房间点型火灾探测器的选择

房间高度 h/m	感烟探测器	点型感温探测器			火焰探测器
		一级	二级	三级	
$12<h\leqslant20$	不适合	不适合	不适合	不适合	适合
$8<h\leqslant12$	适合	不适合	不适合	不适合	适合
$6<h\leqslant8$	适合	适合	不适合	不适合	适合
$4<h\leqslant6$	适合	适合	适合	不适合	适合
$h\leqslant4$	适合	适合	适合	适合	适合

高出顶棚的面积小于整个顶棚面积的 10%，只要这一顶棚部分的面积不大于 1 只探测器的保护面积，则该较高的顶棚部分同整个顶棚面积一样看待。否则，较高的顶棚部分应如同分隔开的房间处理。

在按房间高度选用探测器时，应注意这仅仅是按房间高度对探测器选用的大致划分，具体选用时尚需结合火灾的危险度和探测器本身的灵敏度档次来进行。如判断不准时，需做模拟试验后最后确定。

3. 火灾探测器的布置

1）探测器数量确定

感烟火灾探测器和 A1、A2、B 型感温火灾探测器的保护面积和保护半径，应按表 3-4 确定。

表 3-4　感烟火灾探测器的保护面积和保护半径

火灾探测器的种类	地面面积 S/m²	房间高度 h/m	一只探测器的保护面积 A 和保护半径 R					
			屋顶坡度 θ					
			θ≤15°		15°<θ≤30°		θ>30°	
			A/m²	R/m	A/m²	R/m	A/m²	R/m
感烟火灾探测器	S≤80	h≤12	80	6.7	80	7.2	80	8.0
	S>80	6<h≤12	80	6.7	100	8.0	120	9.9
		h≤6	60	5.8	80	7.2	100	9.0
感温火灾探测器	S≤30	h≤8	30	4.4	30	4.9	30	5.5
	S>30	h≤8	20	3.6	30	4.9	40	6.3

一个探测区域内所需设置的探测器数量，不应小于下列公式的计算值：

$$N \geqslant \frac{S}{KA}$$

式中　N——探测器数量，只，N 应取整数；

S——该探测区域面积，m²；

K——修正系数，容纳人数超过 10 000 人的公共场所宜取 0.7~0.8；容纳人数为 2 000~10 000 人的公共场所宜取 0.8~0.9，容纳人数为 500~2 000 人的公共场所宜取 0.9~1.0，其他场所可取 1.0；

A——探测器的保护面积，m²。

2）探测器布置的基本原则

根据 GB 50116—2013《火灾自动报警系统设计规范》规定，点型探测器的布置符合下列规定：

（1）探测区域的每个房间应至少设置一只火灾探测器。

（2）当梁突出顶棚的高度小于 200 mm 时，可不计梁对探测器保护面积的影响；当梁突出顶棚的高度超过 600 mm 时，被梁隔断的每个梁间区域应至少设置一只探测器。

（3）在宽度小于 3 m 的内走道顶棚上设置点型探测器时，宜居中布置。感温火灾探测器的安装间距不应超过 10 m；感烟火灾探测器的安装间距不应超过 15 m；探测器至端墙的距离，不应大于探测器安装间距的 1/2。

（4）点型探测器至墙壁、梁边的水平距离，不应小于 0.5 m。

（5）点型探测器周围 0.5 m 内，不应有遮挡物。房间被书架、设备或隔断等分隔，其顶部至顶棚或梁的距离小于房间净高的 5% 时，每个被隔开的部分应至少安装一只点型探测器。

（6）点型探测器至空调送风口边的水平距离不应小于 1.5 m，并宜接近回风口安装。探测器至多孔送风顶棚孔口的水平距离不应小于 0.5 m。

（7）锯齿形屋顶和坡度大于 15°的人字形屋顶，应在每个屋脊处设置一排点型探测器，探测器下表面至屋顶最高处的距离，应符合表 3-5 的规定。

表 3-5 点型感烟火灾探测器下表面至顶棚或屋顶的距离

探测器的安装高度 h/m	点型感烟火灾探测器下表面至顶棚或屋顶的距离 d/mm					
	顶棚或屋顶坡度 θ					
	θ≤15°		15°<θ≤30°		θ>30°	
	最小	最大	最小	最大	最小	最大
h≤6	30	200	200	300	300	500
6<h≤8	70	250	250	400	400	600
8<h≤10	100	300	300	500	500	700
10<h≤12	150	350	350	600	600	800

（8）点型探测器宜水平安装。当倾斜安装时，倾斜角不应大于 45°。大于 45°时，应加木台安装。

（9）在电梯井、升降机井设置点型探测器时，其位置宜在井道上方的机房顶棚上。

二、火灾自动报警及联空控制系统施工

（一）施工工艺流程

火灾自动报警系统施工工艺流程：施工准备→施工技术交底→电管敷设→线槽桥架安装→线缆敷设→探测器、报警按钮、模块等安装→机房报警设备控制设备等安装→系统调试→联动调试→组织验收→档案整理。施工工艺流程见图 3-16。

（二）设备安装技术要求

火灾自动报警系统设备安装包括集控室盘台柜及设备、各种探测器、手动报警按钮、声光报警器、监视及控制模块、区域控制箱等设备的安装。根据 GB 50166—2007《火灾自动报警系统施工及验收规范》的规定，火灾自动报警系统的安装要求如下：

1. 控制器的安装

在墙上安装时，其底边距地（楼）面高度宜为 1.3 ~ 1.5 m，其靠近门轴的侧面距墙不应小于 0.5 m，正面操作距离不应小于 1.2 m；落地安装时，其底边宜高出地（楼）面 0.1 ~ 0.2 m。引入控制器的电缆或导线，应符合下列要求：

（1）配线应整齐，不宜交叉，并应固定牢靠。

（2）电缆芯线和所配导线的端部，均应标明编号，并与图纸一致，字迹应清晰且不易褪色。

（3）端子板的每个接线端，接线不得超过 2 根。

（4）电缆芯和导线，应留有不小于 200 mm 的余量。

（5）导线应绑扎成束，导线穿管、线槽后，应将管口、槽口封堵。

2. 点型感烟、感温火灾探测器的安装

（1）探测器至墙壁、梁边的水平距离，不应小于 0.5 m；探测器周围水平距离 0.5 m 内，不应有遮挡物。

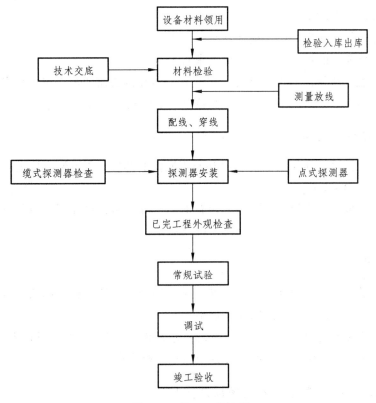

图 3-16　施工工艺流程

（2）探测器至空调送风口最近边的水平距离，不应小于 1.5 m；至多孔送风顶棚孔口的水平距离，不应小于 0.5 m。

（3）在宽度小于 3 m 的内走道顶棚上安装探测器时，宜居中安装。点型感温火灾探测器的安装间距，不应超过 10 m；点型感烟火灾探测器的安装间距，不应超过 15 m。探测器至端墙的距离，不应大于安装间距的一半。

（4）探测器宜水平安装，当确需倾斜安装时，倾斜角不应大于 45°。

3. 线型红外光束感烟火灾探测器的安装

（1）当探测区域的高度不大于 20 m 时，光束轴线至顶棚的垂直距离宜为 0.3 ~ 1.0 m；当探测区域的高度大于 20 m 时，光束轴线距探测区域的地（楼）面高度不宜超过 20 m。

（2）发射器和接收器之间的探测区域长度不宜超过 100 m。

（3）相邻两组探测器的水平距离，不应大于 14 m；探测器至侧墙的水平距离，不应大于 7 m，且不应小于 0.5 m。

（4）发射器和接收器之间的光路上应无遮挡物或干扰源。

4. 可燃气体探测器的安装

（1）安装位置应根据探测气体密度确定。若其密度小于空气密度，探测器应位于可能出现泄漏点的上方或探测气体的最高可能聚集点上方；若其密度大于或等于空气密度，探测器应位于可能出现泄漏点的下方。

（2）在探测器周围应适当留出更换和标定的空间。

（3）在有防爆要求的场所，应按防爆要求施工。

（4）线型可燃气体探测器在安装时，应使发射器和接收器的窗口避免日光直射，且在发射器与接收器之间不应有遮挡物，两组探测器之间的距离不应大于 14 m。

5. 手动火灾报警按钮安装

（1）手动火灾报警按钮应安装在明显和便于操作的部位。当安装在墙上时，其底边距地（楼）面高度宜为 1.3 ~ 1.5 m。

（2）手动火灾报警按钮的连接导线应留有不小于 150 mm 的余量，且在其端部应有明显标志。

6. 模块安装

（1）同一报警区域内的模块宜集中安装在金属箱内。模块（或金属箱）应独立支撑或固定，安装牢固，并应采取防潮、防腐蚀等措施。

（2）模块的连接导线应留有不小于 150 mm 的余量，其端部应有明显标志。

（3）隐蔽安装时在安装处应有明显的部位显示和检修孔。

7. 火灾应急广播扬声器和火灾警报装置安装

（1）火灾应急广播扬声器和火灾警报装置安装应牢固可靠，表面不应有破损。

（2）火灾光警报装置应安装在安全出口附近明显处，距地面 1.8 m 以上。光警报器与消防应急疏散指示标志不宜在同一面墙上，安装在同一面墙上时，距离应大于 1 m。

（3）扬声器和火灾声警报装置宜在报警区域内均匀安装。

8. 消防专用电话安装

（1）消防电话、电话插孔、带电话插孔的手动报警按钮宜安装在明显、便于操作的位置；当在墙面上安装时，其底边距地（楼）面高度宜为 1.3 ~ 1.5 m。

（2）消防电话和电话插孔应有明显的永久性标志。

（三）设备安装接线

通常来讲，火灾自动报警设备的种类、型号、厂家不同，其安装接线有很大的不同，安装前一定要详细看厂家提供的产品说明及接线图。下面举例介绍火灾自动报警设备的安装接线。

1. 探测器安装

探测器的底部及定位底座示意图如图 3-17 和图 3-18 所示。定位底座上有 4 个带数字标识的接线端子；"1"接编址接口模块输出端的正极；"2"作为输出连接下一只探测器的电源正极（即"1"号端子）；"3"与下一只探测器的电源负极（即"3"号端子）连到一起，并接在编址接口模块输出端的负极上；"4"不接线，用来辅助固定探测器。探测器与定位底座上有定位凸棱，使探测器具有唯一的安装位置。定位底座 A、B 处有两个凸棱，探测器底部侧面 C 处有一个凸棱。装配时，将探测器 C 对准定位底座 A 处，顺时针旋转至 B 处即可安装好探测器。

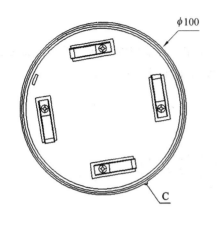

图 3-17　探测器的底部示意图

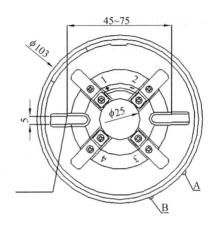

图 3-18　定位底座示意图

1）一个回路多个智能传感器串联

一个回路多个智能传感器串联系统的构成如图 3-19 所示。此种结构中，每个智能传感器都需设置一个地址，同时在同一报警回路，不允许具有相同的地址，否则系统可能无法正常工作。

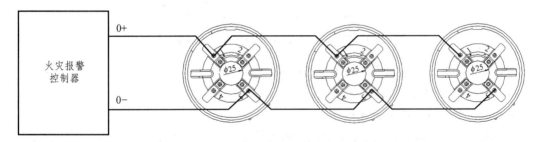

图 3-19　一个回路多个智能传感器串联系统的构成

2）一个回路中多个常规探测器串联

探测器与火灾报警控制器串联连接时，若输出回路终端应接终端器。其系统的构成如图 3-20 所示。

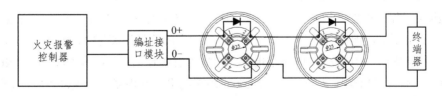

图 3-20　一个回路中多个常规探测器系统的构成

编址接口模块输出回路最多可连接 15 只非编码现场设备。编址接口模块具有输出回路断路检测功能，当输出回路断路时，编址接口模块可将此故障信号传给火灾报警控制器；当摘除输出回路中任意一只现场设备后，编址接口模块将报故障，若接终端器则不影响其他现场设备正常工作。

2. 单输入/单输出模块

单输入/单输出模块主要用于各种一次动作并有动作信号输出的被动型设备，如排烟阀、送风阀、防火阀等接入到控制总线上。LD-8301 底座端子如图 3-21 所示。

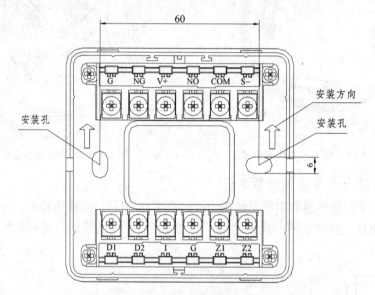

图 3-21 LD-8301 单输入/单输出模块的底座端子

LD-8301 单输入/单输出模块端子说明如下：

Z1、Z2：接控制器两总线，无极性。

D1、D2：DC 24 V 电源，无极性。

G、NG、V+、NO：DC 24 V 有源输出辅助端子，将 G 和 NG 短接、V+和 NO 短接，用于向输出触点提供+24 V 信号，以便实现有源 DC 24 V 输出；无论模块启动与否，V+、G 间一直有 DC 24 V 输出。

I、G：与被控制设备无源常开触点连接，用于实现设备动作回答确认。

COM、S-：有源输出端子，启动后输出 DC 24 V，COM 为正极、S-为负极。

COM、NO：无源常开输出端子。

模块输入端如果设置为"常开检线"状态输入，模块输入线末端（远离模块端）必须并联一个 4.7 kΩ 的终端电阻；模块输入端如果设置为"常闭检线"状态输入模块输入线末端（远离模块端）必须串联一个 4.7 kΩ 的终端电阻。模块为有源输出时，G 和 NG、V+、NO 应该短接，COM、S-有源输出端应并联一个 4.7 kΩ 的终端电阻，并串联一个 IN4007 二极管。

（1）模块通过有源输出直接驱动一台排烟口或防火阀等（电动脱扣式）设备的接线示意图如图 3-22 和图 3-23 所示。

（2）模块无源输出触点控制设备的接线示意图如图 3-24 和 3-25 所示。

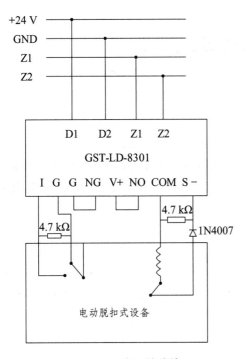

图 3-22　无源常开检线输入

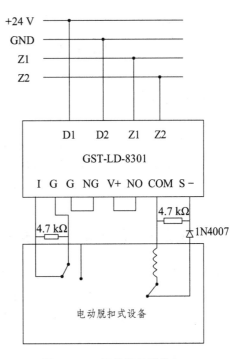

图 3-23　无源常闭检线输入

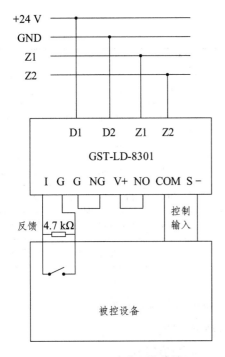

图 3-24　无源常开检线输入

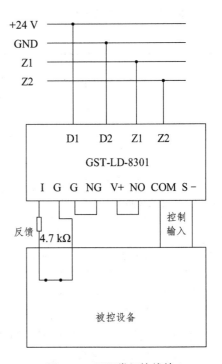

图 3-25　无源常闭检线输入

任务三 火灾报警系统实训

【实训目的】

（1）掌握火灾自动报警系统原理，绘制火灾自动报警系统接线图；

（2）掌握隔离器、火灾声光报警器、消火栓报警按钮等设备安装，按接线图连接设备；

（3）能按要求定义火灾报警器的设备，通过编程设置完成火灾自动报警系统的功能要求。

【实训设备、材料及工具准备】

设备及材料：火灾报警控制器、隔离器、火灾声光报警器、消火栓报警按钮、手动报警按钮、模拟防火卷帘门、模拟排烟机、模拟消防泵、输入/输出模块、继电器、线材若干。

工具：编码器、螺钉旋具、斜口钳、剥线钳、电烙铁、焊锡、接线端子等。

【实训任务】

（1）在建筑模型上设计布线路径，完成消防报警联动系统的布线与接线。

（2）根据表 3-6 设置参数。

表 3-6 设备定义

序号	设备型号	设备名称	编码	二次码	设备定义
1	GST-LD-8301	单输入/单输出模块	01	000001	19（排烟机）
2	GST-LD-8301	单输入/单输出模块	02	000002	16（消防泵）
3	J-SAM-GST9123	消火栓按钮	03	000004	15（消火栓）
4	J-SAM-GST9122	手动报警按钮	04	000006	11（手动按钮）
5	HX-100B	讯响器	05	000005	13（讯响器）
6	JTW-ZCD-G3N	智能电子差定温感温探测器	06	000007	02（点型感温）
7	JTY-GD-G3	智能光电感烟探测器	07	000008	03（点型感烟）

（3）调试系统完成以下功能：

① 按下手动盘按键 1~3，能够分别启动消防泵、讯响器、排烟机；

② 触发"智能大楼"一层感温探测器，则立即启动讯响器；

③ 触发任意感温探测器，或者按下消火栓按钮，联动启动消防泵；

④ 触发"智能大楼"一层的感烟探测器，延时 10 s 启动讯响器；

⑤ 触发"智能大楼"二层的感烟探测器，延时 5 s 启动排烟机。

【设备功能及端口介绍】

1. 火灾报警控制器

JB-QB-GST200 火灾报警控制器具有联动控制功能,它可与其他产品配套使用组成报警联动控制系统,适用于中小型火灾报警及消防联动一体化控制系统。其外接端子如图 3-26 所示。

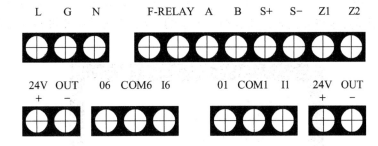

图 3-26　控制器外接端子

JB-QB-GST200 火灾报警控制器端子说明如下:

L、G、N:AC 220 V 接线端子及交流接地端子。

F-RELAY:故障输出端子,当主板上 NC 短接时,为常闭无源输出;当 NO 短接时,为常开无源输出。

A、B:连接火灾显示盘的通信总线端子。

S+、S−:警报器输出端子,带检线功能,终端需要接 0.25 W 的 4.7 kΩ 电阻,输出时的电源容量为 DC 24 V/0.15 A。

Z1、Z2:无极性信号二总线端子。

24 V IN(+、−):外部 DC 24 V 输入端子,可为辅助电源输出提供电源。

24 V OUT(+、−):辅助电源输出端子,可为外部设备提供 DC 24 V 电源,当采用内部 DC 24 V 供电时,最大输出容量为 DC 24 V/0.3 A,当采用外部 DC 24 V 供电时,最大输出容量为 DC 24 V/2 A。

O、COM:组成直接控制输出端,O 为输出端正极,COM 为输出端负极,启动后 O 与 COM 之间输出 DC 24 V。

I、COM:组成反馈输入端,接无源触点;为了检线,I 与 COM 之间接 4.7 kΩ 的终端电阻。

2. 编码器

单输入/单输出模块、探测器、报警按钮等总线设备均需要编码,用到的编码工具为电子编码器。电子编码器的实物图如图 3-27 所示。在使用电子编码器编码前,将编码器连接线的一端插在编码器的总线插口内,另一端的两个夹子分别夹在探测器或模块的两根总线端子"Z1""Z2"(不分极性)上。开机后可对编码器做读码、编码设置等操作,实现各参数的写入设定。

图 3-27　电子编码器

【编程设置】

1. 设备定义

报警控制器外接的设备包括火灾探测器、联动模块、火灾显示盘、网络从机、光栅机、多线制控制设备（直控输出定义）等。这些设备均需进行编码设定，每个设备对应一个原始编码和一个现场编码，设备定义就是对设备的现场编码进行设定。被定义的设备既可以是已经注册在控制器上的，也可以是未注册在控制器上的。火灾报警控制器设备定义界面如图 3-28 所示。

```
*外部设备定义*
原码：001号 键值：01
二次码：031001—22 防火阀
设备状态：1 ［脉冲启］
注释信息：
55604763417217240000000000000
总线设备
─────────────────────────
手动［√］  自动［√］  喷洒［√］  12:23
```

图 3-28　火灾报警控制器设备定义界面

外部设备定义含义如下：

"原码"：为该设备所在的自身编码号，外部设备（火灾探测器、联动模块）原码号为 1 ~ 242；火灾显示盘原码号为 1 ~ 64；网络从机原码号为 1 ~ 32；光栅机测温区域原码号为 1 ~ 64，对应 1 ~ 4 号光栅机的探测区域，从 1 号光栅机的 1 通道的 1 探测区顺序递增；直控输出（多线制控制的设备）原码号为 1 ~ 60。原始编码与现场布线没有关系。

现场编码包括二次码、设备类型、设备特性和设备汉字信息。

"键值"：当为模块类设备时，是指与设备对应的手动盘按键号。当无手动盘与该设备相对应时，键值设为"00"。

"二次码"：即为用户编码，由六位 0 ~ 9 的数字组成，它是人为定义用来表达这个设备所在的特定的现场环境的一组数，用户通过此编码可以很容易地知道被编码设备的位置以及与位置相关的其他信息。对用户编码规定如下：

第一、二位对应设备所在的楼层号，取值范围为 0 ~ 99。为方便建筑物地下部分设备的定义，规定地下一层为 99，地下二层为 98，以此类推。

第三位对应设备所在的楼区号，取值范围为 0 ~ 9。所谓楼区是指一个相对独立的建筑物，例如，一个花园小区由多栋写字楼组成，每一栋楼可视为一个楼区。

第四、五、六位对应总线制设备所在的房间号或其他可以标识特征的编码。对火灾显示盘编码时，第四位为火灾显示盘工作方式设定位，第五、六位为特征标志位。

"设备类型"：用户编码输入区"—"符号后的两位数字为设备类型代码，参照表 3-7 中的设备类型，光栅机测温区域的类型应设置成 01 光栅测温。输入完成后，在屏幕的最后一行将显示刚刚输入数字对应的设备类型汉字描述。如果输入的设备类型超出设备类型表范围，将显示"未定义"。

表 3-7 外部设备定义

代码	设备类型	代码	设备类型	代码	设备类型	代码	设备类型
00	未定义	08	线型感温	16	消火栓泵	24	送风阀
01	光栅测温	09	吸气感烟	17	喷淋泵	25	电磁阀
02	点型感温	10	复合探测	18	稳压泵	26	卷帘门中
03	点型感烟	11	手动按钮	19	排烟机	27	卷帘门下
04	报警接口	12	消防广播	20	送风机	28	防火门
05	复合火焰	13	讯响器	21	新风机	29	压力开关
06	光束感烟	14	消防电话	22	防火阀	30	水流指示
07	紫外火焰	15	消火栓	23	排烟阀		

2. 联动编程

联动公式是用来定义系统中报警信息与被控设备间联动关系的逻辑表达式。当系统中的探测设备报警或被控设备的状态发生变化时，控制器可按照这些逻辑表达式自动地对被控设备执行"立即启动""延时启动"或"立即停动"操作。联动公式由等号分成前后两部分，前面为条件，由用户编码、设备类型及关系运算符组成；后面为被联动的设备，由用户编码、设备类型及延时启动时间组成。

例一： 01001103 + 02001103 = 01001213 00 01001319 10

表示：当 010011 号光电感烟探测器或 020011 号光电感烟探测器报警时，010012 号讯响器立即启动，010013 号排烟机延时 10 s 启动。

例二： 01001103 + 02001103 = × 01205521 00

表示：当 010011 号光电感烟探测器或 020011 号光电感烟探测器报警时，012055 号新风机立即停动。

联动公式表达式为"="" = ×"时，被联动的设备只有在"全部自动"的状态下才可进行联动操作，表达式为" = ="" = = ×"时，被联动的设备在"部分自动"及"全部自动"状态下均可进行联动操作。"= ×"" = = ×"代表停动操作，"=""= ="代表启动操作。等号前后的设备都要求由用户编码和设备类型构成，类型不能缺省。关系符号有"与""或"两种，其中"+"代表"或"，"×"代表"与"。等号后面的联动设备的延时时间为 0~99 s，不可缺省，若无延时需输入"00"来表示，联动停动操作的延时时间无效，默认为 00。

【**实训报告**】

（1）画出火灾报警系统接线图。

（2）在表 3-8 中列出所用火灾报警系统设备清单及所需材料。

表 3-8 火灾报警系统设备、材料清单

序号	名称	型号	数量	备注

（3）请写出小组成员及分工情况。

（4）分小组进行任务的实施。要求正确使用相关设备及工具，安全文明操作，现场工具设备摆放整齐，并记录具体的实训过程。

（5）如发现问题，自己先分析查找故障原因，并进行记录。

（6）实训展示

将实训结果进行展示。能用专业的语言对整个实训过程进行描述。

思考与练习题

一、填空题

1. 火灾探测器通过对火灾发出的物理、化学现象的探测，将探测到的火情信号转化成火警_____信号传递给火灾报警控制器。

2. 火灾探测报警系统由_____、_____和_____等组成。

3. 在自动喷水灭火系统中用来防止由于水压波动等原因造成的报警阀开启而导致误报的设备是_____。

4. 探测区域的每个房间应至少设置_____只火灾探测器。

5. 点型探测器至空调送风口边的水平距离不应小于_____m，并宜接近回风口安装。

6. 手动火灾报警按钮的连接导线应留有不小于_____mm 的余量，且在其端部应有明显标志。

二、选择题

1. 起到灭火作用的消防子系统是（   ）。

    A. 火灾报警系统　　　B. 消火栓系统　　　C. 防排烟系统　　　D. 防火卷帘

2. 感温探测器适合装在下列哪个场所（   ）。

    A. 办公室　　　B. 酒店客房　　　C. 地下停车库　　　D. 体育场馆

3. 气体灭火系统适用于下列哪个场合（   ）。

    A. 地下停车库　　　B. 体育场馆　　　C. 办公室　　　D. 变配电房

4. 下列哪个灭火介质不能用（　　　）。

　　A. 水　　　　　　　　　B. 油　　　　　　　C. 无毒气体　　　　　D. 粉末

5. 火灾发生时，当卷帘下落到离地面某一限定高度时，如离地面 1.5 m 时（　　　）。

　　A. 卷帘门继续下落直至到底

　　B. 火灭后继续下落直至到底

　　C. 停止在此处，便于人们疏散

　　D. 停止并经过短时延迟后，卷帘再继续下落直至到底

三、简答题

1. 火灾自动报警系统由哪几部分组成？各部分的作用是什么？

2. 选择探测器要考虑哪些方面的因素？

3. 简述气体灭火系统的工作原理。

第四章　安全防范系统

任务一　可视对讲系统

一、可视对讲系统的结构

可视对讲与门禁控制系统可以对住宅小区、住户单元入口进行有效控制，防止闲杂人员进入住宅小区，有效地降低了不安全因素的发生，给居民带来安全保障，成为近年来我国应用最广的智能住宅小区安全防范子系统。

安装可视对讲系统后，住宅小区住户可以在家中用对讲/可视对讲分机及设在单元楼门口的对讲/可视对讲门口主机与来访者建立音像通信联络系统，与来访者通话，并通过声音或分机屏幕上的影像来辨别来访者。当来访者被确认后，住户可利用分机上的门锁控制键，打开单元楼门口主机上的电控门锁，允许来访者进入。否则，一切非本单元楼的人员及陌生来访者，均不能进入。这样可以确保住户的方便和安全，是住户的第一道防非法入侵的安全防线。

常见可视对讲控制系统结构如图 4-1 所示。楼宇对讲系统的主要设备有室外主机、室内机、对讲管理主机、层间分配器和联网器等相关设备。

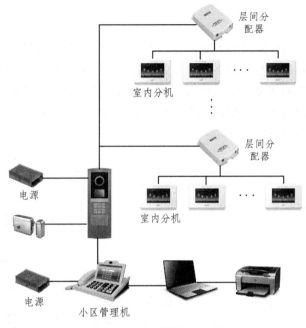

图 4-1　可视对讲控制系统

每个楼梯道入口处安装单元门口主机，可用于呼叫住户或管理中心，业主进入梯道铁门可利用 IC 卡感应开启电控门锁，同时对外来人员进行第一道过滤，避免访客随便进入楼栋；来访者可通过梯道主机呼叫住户，住户可以与之通话，并决定接受或拒绝来访；住户同意来访后，遥控开启楼门电控锁。业主室内安装的用户分机，对访客进行对话、辨认，由业主遥控开锁。住户家中发生事件时，住户可利用用户分机呼叫小区保安室，向保安室寻求支援。在保安监控中心安装管理中心机，专供接收用户紧急求助和呼叫。

二、可视对讲系统的功能

（1）来访者在单元门口按门牌号码呼叫住户，室内机收到触发信号后响铃。

（2）住户摘下听筒自动显示来访者图像并对话，在通话期间住户按下开门按钮开门，来访者才能进入单元内。

（3）住户平时摘下听筒也能观察到单元门口的情况。

（4）室内对讲分机可以按报警键呼叫管理机，与之实现双向对讲。

（5）小区管理机可以呼叫室内对讲分机，实现对讲。

三、楼宇对讲系统的分类

1）按基本性质分

楼宇对讲系统按基本性质可分为可视对讲系统和非可视对讲系统。

2）按传输方式分

楼宇对讲系统按传输方式可分为总线制对讲系统、网络对讲系统、无线对讲系统等。

3）按系统规模分

楼宇对讲系统按系统规模可分为单户型、单元型和联网型，如图4-2所示。

单户型楼宇对讲系统一般应用在别墅系统，其结构是：每户一个室外机可连带一个或多个室内机。单元楼楼宇对讲系统的结构是：单元楼有一个门口控制主机，门口主机可以直接和本单元内的室内机进行通信。联网型楼宇对讲系统的结构是：每个单元门口主机都通过联网器和本小区的管理中心机连接。

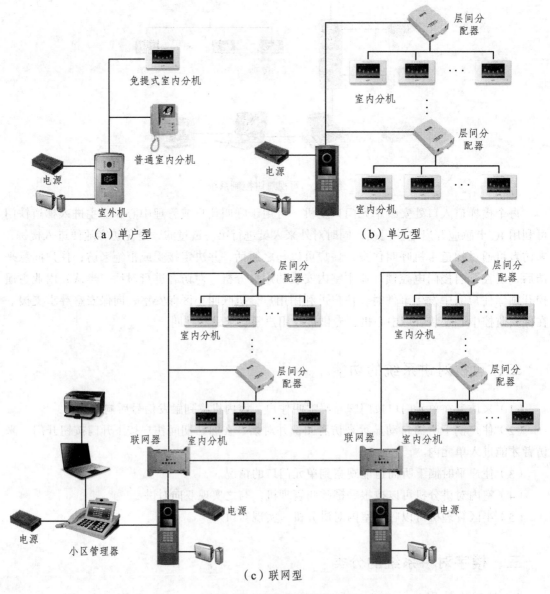

（a）单户型　　　　　　　　　　　　　（b）单元型

（c）联网型

图4-2　楼宇对讲系统按系统规模结构示意图

4）按使用场所分

楼宇对讲系统按使用场所分可分为IP数字网络对讲系统、IP数字网络楼宇可视对讲系统、监狱对讲系统、医院对讲系统（医护对讲系统）、电梯对讲系统、学校对讲系统、银行对讲系统（银行窗口对讲机）等。

四、楼宇对讲系统典型设备

1. 室外主机

室外主机按类型分有数字式、数码式和直按式三种，如图4-3所示。室外主机一般安装在单元楼门口的防盗门上或附近的墙上，可视室外主机包括面板、底盒、操作部分、音频部分、视频部分、控制部分。

（a）数字式　　　　（b）数码式　　　　（c）直按式

图4-3　室外主机

2. 室内机

室内机分为多功能室内机和普通室内机，如图4-4所示。

（a）彩色触摸屏室内机　　　（b）多功能室内机　　　（c）普通室内机

图4-4　室内机

彩色触摸屏室内机采用电容式触摸按键，不需要传统按键的机械触点。其功能有：可与门口机、住户、手机、PC端和管理中心实现呼叫、可视对讲以及开锁功能；对门前、梯口和小区门口进行监控；查询通过门口机的呼叫记录以及留影、留言记录；可接收由管理处提供的文字信息、图片或视频等图文信息服务；呼叫当前设备，一定时间无人接听或因故障无法接通时自动转接另外的设备。

多功能室内机带有数字键盘和显示屏，显示屏有黑白或彩色。不同厂家产品不一样，有电话方式的，有免提的。可接收单元主机的呼叫，接收单元主机来的影音。在联网系统中，可按键呼叫管理中心，也可接受管理中心的呼叫。

普通室内机一般只带有数字键盘。可接收单元主机的呼叫，可听见来访者的声音，为来访者开锁。在联网系统中，可按键呼叫管理中心，也可接受管理中心的呼叫。

3. 小区门口机

小区门口机设置于小区出入口大门，用于访客的呼叫采取二次确认模式，既通过小区门口机呼叫住户或管理员，一次确认后进入小区。再由住户确认后开启单元电控门，可对小区的访客进行严格有效的出入控制，进一步保障小区的住户安全。

4. 管理中心机

管理中心机如图 4-5 所示。管理中心机是安装在小区管理中心的通话对讲设备，并可控制各单元防盗门电控锁的开启。小区安保管理中心是系统的神经中枢，管理人员通过设置在小区安保管理中心的管理中心机管理各子系统的终端，各子系统的终端只有在小区安保管理中心的统一协调管理控制下，才能有效正常地工作。管理中心机主要功能是接收住户呼叫、与住户对讲、报警提示、开单元门、呼叫住户、监视单元门口、记录系统各种运行。

图 4-5　管理中心机

5. 层间分配器和联网器

层间分配器和联网器如图 4-6 和图 4-7 所示。

图 4-6　层间分配器

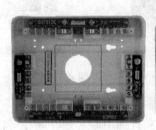

图 4-7　联网器

层间分配器起线路保护、视频分配和信号隔离的作用，即使某住户的分机发生故障也不会影响其他用户的使用，也不影响系统正常使用。其信号为 1 路输入、2~3 路输出，即每个层间分配器供 2~8 户使用，提供电压为 DC 18 V，为室内机供电，视频信号输出为 1 V-75 Ω。

联网器用于实现可视对讲系统的联网，完成各系统主机之间的连接并将信息传送到管理中心机及管理软件系统。

【系统施工】

一、管路安装

可视对讲、入侵报警、视频监控、出入口控制和安全防范系统管理安装，应符合 GB 50606—2010《智能建筑工程施工规范》和 GB 50303—2015《建筑电气工程施工质量验收规范》的规定。管路安装一般符合以下规定：

1. 桥架安装

（1）桥架切割和钻孔断面处，应采取防腐措施。

（2）桥架应平整，无扭曲变形，内壁无毛刺，各种附件应安装齐备，紧固件的螺母应在桥架外侧，桥架接口应平直、严密，盖板应齐全、平整。

（3）桥架经过建筑物的变形缝（包括沉降缝、伸缩缝、抗震缝等）处应设置补偿装置，保护地线和桥架内线缆应留补偿余量。

（4）桥架与盒、箱、柜等连接处应采用抱脚或翻边连接，并应用螺丝固定，末端应封堵。

（5）水平桥架底部与地面距离不宜小于 2.2 m，顶部距楼板不宜小于 0.3 m，与梁的距离不宜小于 0.05 m，桥架与电力电缆间距不宜小于 0.5 m。

（6）敷设在竖井内和穿越不同防火分区的桥架及管路孔洞，应有防火封堵。

（7）弯头、三通等配件，宜采用桥架生产厂家制作的成品，不宜在现场加工制作。

2. 支吊架安装

（1）支吊架安装直线段间距宜为 1.5~2 m，同一直线段上的支吊架间距应均匀。

（2）在桥架端口、分支、转弯处不大于 0.5 m 内，应安装支吊架。

（3）支吊架应平直且无明显扭曲，焊接应牢固且无显著变形、焊缝应均匀平整，切口处应无卷边、毛刺。

（4）支吊架采用膨胀螺栓连接固定应紧固，且应配装弹簧垫圈。

（5）支吊架应做防腐处理。

（6）采用圆钢作为吊架时，桥架转弯处及直线段每隔 30 m 应安装防晃支架。

3. 线管安装

（1）导管敷设应保持管内清洁干燥，管口应有保护措施和进行封堵处理。

（2）明配线管应横平竖直、排列整齐。

（3）明配线管应设管卡固定，管卡应安装牢固。在终端、弯头中点处的 150~500 mm 范围内应设管卡；在距离盒、箱、柜等边缘的 150~500 mm 范围内应设管卡；在中间直线段应均匀设置管卡。

（4）线管转弯的弯曲半径不应小于所穿入线缆的最小允许弯曲半径，且不应小于该管外径的 6 倍；当暗管外径大于 50 mm 时，不应小于 10 倍。

（5）砌体内暗敷线管埋深不应小于 15 mm，现浇混凝土楼板内暗敷线管埋深不应小于 25 mm，并列敷设的线管间距不应小于 25 mm。

（6）线管与控制箱、接线箱、接线盒等连接时，应采用锁母将管口固定牢固。

（7）线管穿过墙壁或楼板时应加装保护套管，穿墙套管应与墙面平齐，穿楼板套管上口宜高出楼面 10~30 mm，套管下口应与楼面平齐。

（8）与设备连接的线管引出地面时，管口距地面不宜小于 200 mm；当从地下引入落地式箱、柜时，宜高出箱、柜内底面 50 mm。

（9）线管两端应设有标志，管内不应有阻碍，并应穿带线。

（10）吊顶内配管，宜使用单独的支吊架固定，支吊架不得架设在龙骨或其他管道上。

（11）配管通过建筑物的变形缝时，应设置补偿装置。

（12）镀锌钢管宜采用螺纹连接，镀锌钢管的连接处应采用专用接地线卡固定跨接线，跨接线截面不应小于 4 mm²。

（13）非镀锌钢管应采用套管焊接，套管长度应为管径的 1.5~3 倍。

（14）焊接钢管不得在焊接处弯曲，弯曲处不得有弯曲、折皱等现象，镀锌钢管不得加热弯曲。

（15）套接紧定式钢管连接，钢管外壁镀层应完好，管口应平整、光滑、无变形；套接紧定式钢管连接处应采取密封措施；当套接紧定式钢管管径大于或等于 32 mm 时，连接套管每端的紧定螺钉不应少于 2 个。

（16）室外线管敷设应符合：

① 室外埋地敷设的线管，埋深不宜小于 0.7 m，壁厚应大于等于 2 mm；

② 埋设于硬质路面下时，应加钢套管，人手孔井应有排水措施；

③ 进出建筑物线管应做防水坡度，坡度不宜大于 15‰；

④ 同一段线管短距离不宜有 S 弯；

⑤ 线管进入地下建筑物，应采用防水套管，并应做密封防水处理。

4. 线盒安装应符合规定

（1）钢导管进入盒（箱）时应一孔一管，管与盒（箱）的连接应采用爪型螺纹接头管连接，且应锁紧，内壁应光洁便于穿线。

（2）线管路有下列情况之一者，中间应增设拉线盒或接线盒，其位置应便于穿线：

① 管路长度每超过 30 m 且无弯曲；

② 管路长度每超过 20 m 且仅有一个弯曲；

③ 管路长度每超过 15 m 且仅有两个弯曲；

④ 管路长度每超过 8 m 且仅有三个弯曲；

⑤ 线缆管路垂直敷设时管内绝缘线缆截面宜小于 150 mm²，当长度超过 30 m 时，应增设

固定用拉线盒；

⑥ 信息点预埋盒不宜同时兼做过线盒。

二、设备安装

1. 室外主机

1）装门方式

在单元门上（一般在固定的一边）的适当位置开安装孔，其大小根据厂家提供的安装盒尺寸，深度为 30 mm，一般下沿距离地面高度为 135 cm。

2）埋墙方式

在墙的适当位置开安装槽，一般其下沿距离地面高度为 135 cm。然后把预埋盒装入槽中固定好，注意调整深度。其门口机安装如图 4-8 所示。

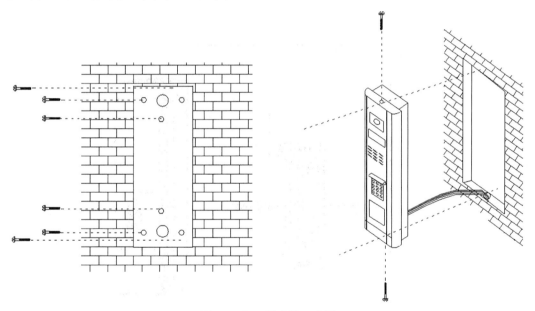

图 4-8　门口机安装示意图

先在墙壁上按图位置打好孔，再塞入胶粒，用平头自攻螺丝 M3×6 把后盖紧固在墙壁内，然后将机箱按箭头方向盖好，用两颗自攻螺丝 M3×20 上紧。

3）安装注意事项

（1）尽量避免将管理机安装于不良环境，如冷凝及高温环境、油污及灰尘环境、化学腐蚀环境、阳光直射环境等。

（2）网线应采用带屏蔽的 5 类或超 5 类双绞线，并且水晶头必须采用国际标准接法，如 568B。

（3）在安装的时候，要注意单元门口机摄像头背光处理。

（4）通电后如发现异常现象，应立即切断电源，故障排除后方可再次接通电源。

2. 室内机

楼宇对讲的室内机一般为壁挂式或嵌入式，现在壁挂式为主，嵌入式为辅。壁挂式的安装简单，只需要在欲安装的墙上先固定挂机板，再装分机接好线，挂上即可；嵌入式先在墙上打一预留孔洞，再固定分机的挂板或预埋盒，最后将室内机接线装好。壁挂式的安装步骤如下：

（1）在安装室内机的相应位置预埋一个 86 盒，并将数据线和视频线拉入盒中，预埋盒底部离地高度 140 cm。

（2）安装铁挂件（挂墙架）：通过 4 颗自攻螺丝将挂件挂在墙上的合适位置，使预埋的 86 盒在挂件的左边部位。

（3）做好通信数据线、视频线及电源线的插头，接头都要进行焊接处理，并用热缩管进行绝缘处理。

（4）连接好线后将室内机挂在挂件上，从上到下，注意要卡到位。室内机安装示意图如图 4-9 所示。

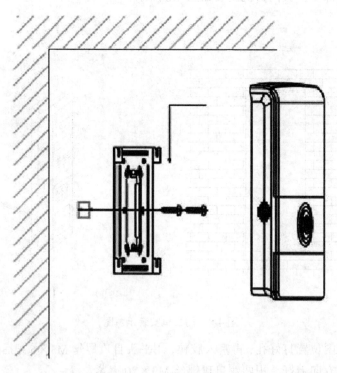

图 4-9　室内机安装示意图

3. 管理中心机

管理中心机采用桌面安装方式，其安装方法如下：

（1）将管理中心机放置在水平桌面上；或打开脚撑，将管理中心机放置在水平桌面上。

（2）管理中心机采用壁挂安装方式，其安装方法如下：

① 按图 4-10 所示，在需安装管理中心机的墙壁上打 4 个安装孔；

② 将塑料胀管木螺钉组合 $\phi 8 \times 38$ 装入墙壁 4 个安装孔内；

③ 将装入墙壁的螺钉从管理中心机底面安装孔中穿入，把管理中心机固定在墙壁上。

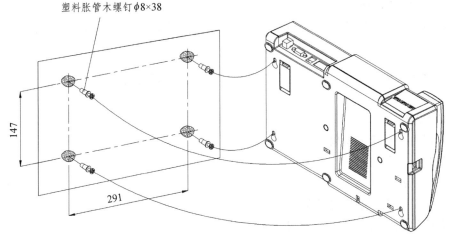

塑料胀管木螺钉φ8×38

147

291

图 4-10 壁挂安装示意图

任务二 入侵报警系统

【任务描述】

（1）熟悉并掌握入侵报警系统的结构、功能、特点及工作原理；

（2）了解入侵报警系统工程设计的要求；

（3）掌握常用探测器的选型与设置，以及典型设备的安装方法。

【相关知识】

一、入侵报警系统相关概念

1. 入侵报警系统功能

入侵报警系统是利用探测器对建筑物内外重要地点和区域进行布防。它可以及时探测非法入侵，并且在探测到有非法入侵时，及时向有关人员报警。门磁开关、玻璃破碎报警器等探测器可有效地探测外来的入侵，红外探测器可感知人员在楼内的活动等。一旦发生非法入侵，可以及时记录入侵的时间、地点，同时通过报警设备发出报警信号。入侵报警系统的基本功能如下：

1）探测

入侵报警系统应对下列可能的入侵行为进行准确、实时的探测并产生报警状态：

（1）打开门、窗、空调百叶窗等；

（2）用暴力通过门、窗、天花板、墙及其他建筑结构；

（3）在建筑物内部移动；

（4）接触或接近保险柜或重要物品。

2）指示

入侵报警系统应能对下列状态的事件来源和发生的时间给出指示：

（1）正常状态；

（2）学习状态；

（3）入侵行为产生的报警状态；

（4）防拆报警状态；

（5）故障状态；

（6）主电源掉电、备用电源欠压；

（7）调协警戒（布防）/解除警戒（撤防）状态；

（8）传输信息失败。

3）控制

入侵报警系统应能对下列功能进行编程设置：

（1）瞬时防区和延时防区；

（2）全部或部分探测回路设备警戒（布防）与解除警戒（撤防）；

（3）向远程中心传输信息或取消；

（4）向辅助装置发激励信号。

4）记录和查询

入侵报警系统应能对下列事件记录和事后查询：

（1）作业人员的姓名、开关机时间等；

（2）警情的处理；

（3）维修。

5）传输

报警信号的传输可采用有线/无线传输方式；报警传输系统应具有自检、巡检功能；入侵报警系统应有与远程中心进行有线/无线通信的接口，并能对通信线路故障进行监控。

2．入侵报警系统常用术语

入侵报警系统常用术语如下：

防拆报警：因触发防拆探测装置而导致的报警。

防拆装置：用来探测拆卸或打开报警系统的部件、组件或其部分的装置。

设防：使系统的部分或全部防区处于警戒状态的操作。

撤防：使系统的部分或全部防区处于解除警戒状态的操作。

防区：利用探测器（包括紧急报警装置）对防护对象实施防护，并在控制设备上能明确显示报警部位的区域。

周界：需要进行实体防护/电子防护的某区域的边界。

防护区：允许公众出入的、防护目标所在的区域或部位。

报警复核：利用声音/图像信息对现场报警的真实性进行核实的手段。

探测器：对入侵或企图入侵行为进行探测做出响应并产生报警状态的装置。

报警控制设备：在入侵报警系统中，实施设防、撤防、测试、判断、传送报警信息，并对探测器的信号进行处理以断定是否应该产生报警状态以及完成某些显示、控制、记录和通信功能的装置。

二、入侵报警系统结构

1. 入侵报警系统结构

入侵报警系统通常由前端设备（包括探测器和紧急报警装置）、报警控制器、报警监控中心（处理/控制/管理设备和显示/记录设备）三大单元构成，如图 4-11 所示。

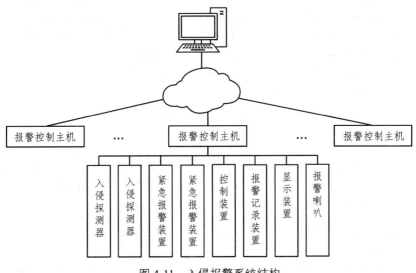

图 4-11　入侵报警系统结构

1）前端设备

前端探测部分由各种探测器组成，是入侵报警系统的触觉部分，相当于人的眼睛、鼻子、耳朵、皮肤等，感知现场的温度、湿度、气味、能量等各种物理量的变化，并将其按照一定的规律转换成适于传输的电信号。

2）报警控制器

操作控制部分主要是报警控制器，是用于连接报警探测器、判断报警情况、管理报警事件的专用设备。报警主机具有对防区设置与管理、对探测信号进行分析、对设防区域进行撤防/布放操作、产生报警事件等能力，是整个安全系统的核心。

3）报警监控中心

通常一个区域报警控制器、探测器加上声光报警设备就可以构成一个简单的报警系统。

但对于整个智能楼宇来说，还必须设置安保控制中心，能起到对整个报警系统的管理和系统集成的作用。监控中心负责接收、处理各子系统发来的报警信息、状态信息等，并将处理后的报警信息、监控指令分别发往报警接收中心和相关子系统。

2. 系统组建模式

根据信号传输方式的不同，入侵报警系统组建模式宜分为以下模式：

1）分线制

分线制系统组建模式是探测器、紧急报警装置通过多芯电缆与报警控制主机之间采用一对一专线相连。防区较少且报警控制设备与各探测器之间的距离不大于 100 m 的场所，宜选用分线制模式，如图 4-12 所示。

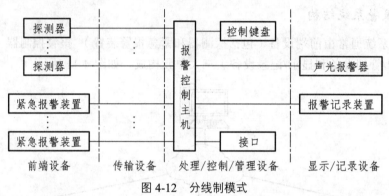

图 4-12 分线制模式

2）总线制

总线制系统组建模式是探测器、紧急报警装置通过其相应的编址模块与报警控制主机之间采用报警总线（专线）相连。防区数量较多且报警控制设备与所有探测器之间的连线总长度不大于 1 500 m 的场所，宜选用总线制模式，如图 4-13 所示。

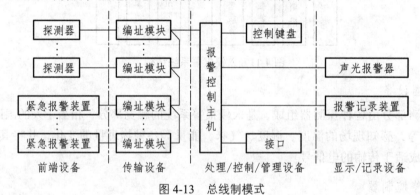

图 4-13 总线制模式

3）无线制

无线制系统组建模式是探测器、紧急报警装置通过其相应的无线设备与报警控制主机通信，其中一个防区内的紧急报警装置不得大于 4 个。布线困难的场所，宜选用无线制模式，如图 4-14 所示。

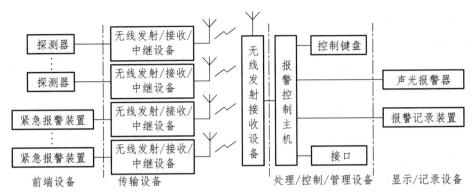

图 4-14 无线制模式

4）公共网络

公共网络系统组建模式是探测器、紧急报警装置通过现场报警控制设备/网络传输接入设备与报警控制主机之间采用公共网络相连。公共网络可以是有线网络，也可以是有线-无线-有线网络。防区数量很多，且现场与监控中心距离大于 1 500 m，或现场要求具有设防、撤防等分控功能的场所，宜选用公共网络模式，如图 4-15 所示。

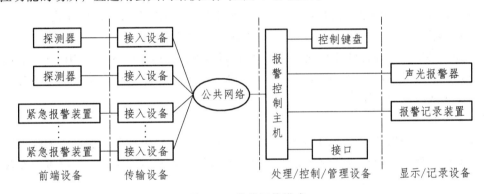

图 4-15 公共网络模式

三、入侵报警系统常用探测器

入侵探测器可以将感知到的各种形式的物理量（如光强、声响、压力、频率、温度、振动等）的变化转化为符合报警控制器处理要求的电信号（如电压、电流）的变化，进而通过报警控制器启动告警装置。

1. 入侵探测器的种类

1）按工作方式来分

入侵探测器可分为主动式和被动式。主动式探测器在担任警戒期间要向所防范的现场不断发出某种形式的能量，如红外线、超声波、微波等能量。被动式探测器在担任警戒期间本身则不需要向所防范的现场发出任何形式的能量，而是直接探测来自被探测目标自身发出的某种形式的能量，如振动光纤、泄漏电缆、电子围栏、激光对射等能量。

2）按探测器的警戒范围来分

入侵探测器可分为点控制型、线控制型、面控制型和空间控制型。点控制型探测器的警戒范围是一个点，线控制型探测器的警戒范围是一条线，面控制型探测器的警戒范围是一个面，空间控制型探测器的警戒范围是一个空间。

3）按探测器输出的开关信号不同来分

入侵探测器可分为常开型、常闭型、常开/常闭型探测器。通常情况下是断开状态，即线圈未得电的情况下是断开的；通常情况下是关合状态，即线圈未得电的情况下是闭合的；常开/常闭型探测器具有常开和常闭两种输出方式。

4）按探测器与报警探测器各防区的连接方式不同来分

（1）四线制。

四线制是指探测器上有四个接线端（两根电源线+两根信号线）一般常规需要供电的探测器，如红外探测器、双鉴探测器、玻璃破碎探测器等均采用的是四线制。

（2）两线制。

两线制是指探测器上有两个接线端，可分为3种情况：

① 探测器本身不需供电（两根信号线），如紧急按钮、磁控开关、振动开关。

② 探测器需要供电（电源和信号共用），如火灾探测器。

③ 两总线制，需采用总线制探测器（都具有编码功能）。所有防区都共用两芯线，每个防区的报警开关信号线和供电输入线是共用的（特别适用于防区数目多）。另外，增加总线扩充器就可以接入四线制探测器。

（3）无线制。

无线制是由探测器和发射机两部分组合在一起的，它需要由无线发射机将无线报警探测器输出的电信号调制（调幅或调频）到规定范围的载波上，发射到空间，而后再由无线接收机接收、解调后，再送往报警主机。

2. 常用探测器

1）开关探测器

开关探测器是一种可以把防范现场传感器的位置或工作状态的变化，转换为控制电路导通或断开的变化，并以此来触发报警电路。开关探测器有开路报警和短路报警两种方式，如磁控开关及各种机电开关探测器，如图 4-16 所示。

门磁开关　　　　微动开关　　　　紧急按钮

图 4-16　点型探测器

（1）微动开关。

微动开关是靠外部作用力使其内部触点接通或断开，发出报警信号。微动开关报警结构如图 4-17 所示。

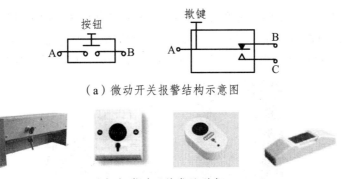

（a）微动开关报警结构示意图

（b）微动开关常见形式

图 4-17　微动开关

微动开关具有结构简单、安装方便、价格便宜、防振性能好、触点可承受较大的电流等优点，但是其抗腐蚀性、动作灵敏度不如磁开关。

（2）磁开关。

磁开关由带金属触点的两个簧片封装在惰性气体的玻璃管（也称干簧管）和一块永久磁铁组成，是利用外部磁力使作为开关元件的干簧管内部触点断开（或闭合），如图 4-18（a）所示。

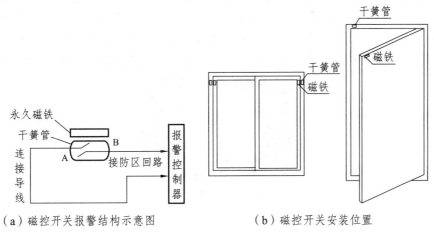

（a）磁控开关报警结构示意图　　　（b）磁控开关安装位置

图 4-18　磁控开关

使用时通常把磁铁安装在被防范物体（如门、窗等）的活动部位（门扇、窗扇），干簧管安装在固定部位（门框、窗框）。如图 4-18（b）所示，干簧管一般装在固定门框或窗框上，永久磁铁装在活动的门窗上，一般的磁开关不宜在钢、铁物体上直接安装。还要注意磁开关的吸合距离，定期检查干簧管触点和永久磁铁的磁性。

2）振动探测器

振动探测器是以探测入侵者走动或破坏活动时产生的振动信号来触发报警的探测器。常用的振动探测器有位移式传感器（机械式）、速度传感器（电动式）、加速度传感器（压电晶体式）等。振动探测器基本上属于面控制型探测器。

常见的玻璃破碎探测器如图 4-19 所示。玻璃破碎探测器是在玻璃破碎时产生报警，防止非法入侵。按照工作原理的不同大致分为两大类：一类是声控型的单技术玻璃破碎探测器，它实际上是一种具有选频作用（带宽 10 ~ 15 kHz）的具有特殊用途（可将玻璃破碎时产生的高频信号驱除）的声控报警探测器；另一类是双技术玻璃破碎探测器，其中包括声控-振动型和次声波-玻璃破碎高频声响型。玻璃破碎探测器是空间型、被动式探测器。

图 4-19   玻璃破碎探测器

3）声探测器

声探测器是用于检测防范范围区域的说话、走动、打碎玻璃、凿墙发出的一定声响，并进行报警的装置。声控探测器分为：探测说话、走动等声音，如超声波探测器；探测物体被破坏的声音，如玻璃破碎探测器。

超声波探测器如图 4-20 所示。超声波探测器是利用人耳听不到的超声波（20 000 Hz 以上）来作为探测源的报警探测器，它是用来探测移动物体的空间探测器。按照其结构和安装方法不同分为两种类型，一种是将两个超声波换能器安装在同一个壳体内，即收、发合置型；另一种是将两个换能器分别放置在不同的位置，即收、发分置型，称为声场型探测器。收、发分置的超声波探测器警戒范围大，可控制几百立方米空间，多组使用可以警戒更大的空间。

图 4-20   超声波探测器

4）红外探测器

红外探测器是将入射的红外辐射信号转变成电信号输出的器件，是目前常用的探测器，依据工作原理的不同可分为主动式和被动式两种类型，如图 4-21 所示。

（1）主动式红外探测器。

主动式红外探测器是由收、发两个装置组成，如图 4-22 所示。红外发射装置向红外接收装置发射一束红外光束，此光束如被遮挡，接收装置就发出报警信号。

（a）主动红外探测器　　（b）被动红外探测器

图 4-21   红外探测器

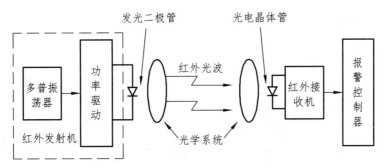

图 4-22　主动式红外探测器组成

　　主动式红外探测器可根据防范要求、防范区的大小和形状的不同，分别构成警戒线、警戒网、多层警戒等不同的防范布局方式。根据红外发射机及红外接收机设置的位置不同，主动式红外探测器又可分为对向型安装方式和反射型安装方式。

　　对向型安装方式可采用多组红外发射机与红外接收机对向放置的方式，这样可以用多道红外光束形成红外警戒网（或称光墙），如图 4-23（a）所示。

　　根据警戒区域的形状不同，只要将多组红外发射机和红外接收机合理配置，就可构成不同形状的红外线周界封锁线，如图 4-23（b）所示。当需要警戒的直线距离较长时，也可采用几组收、发设备接力的形式，如图 4-23（c）所示。

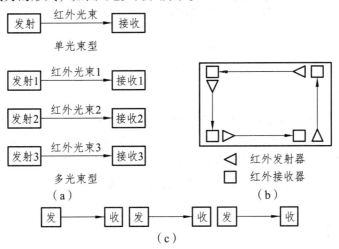

图 4-23　对向型安装方式

　　反射型安装方式如图 4-24（a）所示。采用反射型安装一方而可缩短红外发射机与接收机之间的直线距离，便于就近安装、管理；另一方也可通过反射镜的多次反射，将红外光束的警戒线扩展成红外警戒面或警戒网，如图 4-24（b）所示。

　　（2）被动式红外探测器。

　　被动式红外探测器不向空间辐射任何形式的能量，而靠探测人体发射的红外线来进行工作的。探测器收集外界的红外辐射进而聚集到红外传感器上。红外传感器通常采用热释电元件，这种元件在接收了红外辐射温度发出变化时就会向外释放电荷，监测后产生报警。被动式红外探测器组成如图 4-25 所示。

　　自然界中的任何物体都可以看作是一个红外辐射源，人体辐射的红外峰值波长约在 10 μm 处。被动式红外探测器是以探测人体辐射为目标的，所以辐射敏感元件对波长为 10 μm 左右的红外辐射必须非常敏感。

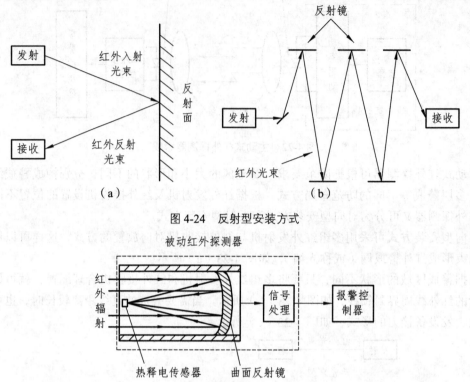

图 4-24 反射型安装方式

图 4-25 被动式红外探测器组成

5）双鉴探测器

双鉴探测器产生的起因是由于单一类型的探测器误报率较高，多次误报将会引起人们的思想麻痹，产生了对防范设备的不信任感。为了解决误报率高的问题，人们提出互补探测技术方法，即把两种不同探测原理的探头组合起来，进行混合报警，如超声波和被动红外探测器组成的双鉴探测器、微波和被动红外探测器组合的双鉴探测器等。

【系统施工】

一、设计原则

入侵报警系统的设计应当从实际需要出发，尽可能地使系统的结构简单、质量可靠、操作方便。根据 GB 50394—2007《入侵报警系统工程设计规范》要求，设计时应遵循的基本原则如下：

（1）根据防护对象的风险等级和防护级别、环境条件、功能要求、安全管理要求和建设投资等因素，确定系统规模、系统模式及应采取的综合防护措施。

（2）根据建设单位提供的设计任务书、建筑平面图和现场勘察报告，进行防区的划分，确定探测器、传输设备的设置位置和选型。

（3）根据防区的数量和分布、信号传输方式、集成管理要求、系统扩充要求等，确定控制设备的配置和管理软件的功能。

（4）系统应以规范化、结构化、模块化、集成化的方式实现，以保证设备的互换性。

二、设备选型与设置

1. 探测器的选择与设置

探测器的选型和布设是系统设计的关键，要根据报警设备的原理、特点、适用范围、局限性、现场环境状况、气候情况、电磁场强度及光线照射变化等来选择合适的探测器，设计合适的安装位置、安装角度以及系统布线。还要根据使用的具体情况来选型，如用途或使用场所不同、探测的原理不同、探测器的工作方式不同、探测器输出的开关信号不同、探测器与报警控制设备各防区的连接方式不同等。

不同场所选择探测器种类如表 4-1 所示。

表 4-1 探测器选择

探测区域或部位		探测器种类
周界	规则的外周界	主动式红外入侵探测器、遮挡式微波入侵探测器、振动入侵探测器、激光式探测器、光纤式周界探测器、振动电缆探测器、泄漏电缆探测器、电场感应式探测器、高压电子脉冲式探测器等
	不规则的外周界	振动入侵探测器、室外用被动红外探测器、室外用双技术探测器、光纤式周界探测器、振动电缆探测器、泄漏电缆探测器、电场感应式探测器、高压电子脉冲式探测器等
	无围墙/栏的外周界	主动式红外入侵探测器、遮挡式微波入侵探测器、激光式探测器、泄漏电缆探测器、电场感应式探测器、高压电子脉冲式探测器等
	内周界	室内用超声波多普勒探测器、被动红外探测器、振动入侵探测器、室内用被动式玻璃破碎探测器、声控振动双技术玻璃破碎探测器等
出入口部位	人员车辆等正常出入口（如大厅、车库出入口等）	室内用多普勒微波探测器、室内用被动红外探测器、微波和被动红外复合入侵探测器、磁开关入侵探测器等
	非正常出入口（如窗户、大窗等）	室内用多普勒微波探测器、室内用被动红外探测器、室内用超声波多普勒探测器、微波和被动红外复合入侵探测器、磁开关入侵探测器、室内用被动式玻璃破碎探测器、振动入侵探测器等
室内	通道	室内用多普勒微波探测器、室内用被动红外探测器、室内用超声波多普勒探测器、微波和被动红外复合入侵探测器等
	公共区域	室内用多普勒微波探测器、室内用被动红外探测器、室内用超声波多普勒探测器、微波和被动红外复合入侵探测器、室内用被动式玻璃破碎探测器、振动入侵探测器、紧急报警装置等。宜设置两种以上不同探测原理的探测器
	重要部位	室内用多普勒微波探测器、室内用被动红外探测器、室内用超声波多普勒探测器、微波和被动红外复合入侵探测器、磁开关入侵探测器、室内用被动式玻璃破碎探测器、振动入侵探测器、紧急报警装置等口宜设置两种以上不同探测原理的探测器

探测器的设置应符合下列规定：

（1）每个/对探测器应设为一个独立防区。

（2）周界的每一个独立防区长度不宜大于 200 m。

（3）需设置紧急报警装置的部位宜不少于 2 个独立防区，每一个独立防区的紧急报警装置数量不应大于 4 个，且不同单元空间不得作为一个独立防区。

（4）防护对象应在入侵探测器的有效探测范围内，入侵探测器覆盖范围内应无盲区，覆盖范围边缘与防护对象间的距离宜大于 5 m。

（5）当多个探测器的探测范围有交叉覆盖时，应避免相互干扰。

2. 控制设备的选型与设置

控制设备的选型与设置应符合 GB 50394—2007《入侵报警系统工程设计规范》规定。

1）控制设备的选型

（1）控制设备必须符合国家法律法规和现行强制性标准的要求，并经法定机构检验或认证合格。

（2）应根据系统规模、系统功能、信号传输方式及安全管理要求等选择报警控制设备的类型。

（3）宜具有可编程和联网功能。

（4）接入公共网络的报警控制设备应满足相应网络的入网接口要求。

（5）应具有与其他系统联动或集成的输入、输出接口。

2）控制设备的设置

（1）现场报警控制设备和传输设备应采取防拆、防破坏措施，并应设置在安全可靠的场所。

（2）不需要人员操作的现场报警控制设备和传输设备宜采取电子/实体防护措施。

（3）壁挂式报警控制设备在墙上的安装位置，其底边距地面的高度不应小于 1.5 m，如靠门安装时，宜安装在门轴的另一侧；如靠近门轴安装时，靠近其门轴的侧面距离不应小于 0.5 m。

（4）台式报警控制设备的操作、显示面板和管理计算机的显示器屏幕应避开阳光直射。

三、线缆选型与布线

1. 线缆选型

系统应根据信号传输方式、传输距离、系统安全性、电磁兼容性等要求，选择传输介质。线缆选型遵循以下几点：

（1）报警信号传输线的耐压不应低于 AC 250 V，应有足够的机械强度。

（2）当系统采用分线制时，宜采用不少于 5 芯的通信电缆，每芯截面不宜小于 0.5 mm²。

（3）当系统采用总线制时，总线电缆宜采用不少于 6 芯的通信电缆，每芯截面积不宜小于 1.0 mm²。

（4）当现场与监控中心距离较远或电磁环境较恶劣时，可选用光缆。

（5）采用集中供电时，前端设备的供电传输线路宜采用耐压不低于交流 500 V 的铜芯绝缘多股电线或电缆，线径的选择应满足供电距离和前端设备总功率的要求。

2. 线缆布线

入侵报警系统线缆布线应与区域内其他弱电系统线缆的布设综合考虑，合理设计。报警信号线应与 220 V 交流电源线分开敷设。隐蔽敷设的线缆/芯线应做永久性标记。

1）室内管线敷设

（1）室内线路应优先采用金属管，可采用阻燃硬质或半硬质塑料管、塑料线槽及附件等。

（2）竖井内布线时，应设置在弱电竖井内。如受条件限制强弱电竖井必须合用时，报警系统线路和强电线路应分别布置在竖井两侧。

2）室外管线敷设

（1）线缆防潮性及施工工艺应满足国家现行标准的要求。

（2）线缆敷设路径上有可利用的线杆时可采用架空方式。当采用架空敷设时，与共杆架设的电力线（1 kV 以下）的间距不应小于 1.5 m，与广播线的间距不应小于 1 m，与通信线的间距不应小于 0.6 m，线缆最低点的高度应符合有关规定。

（3）线缆敷设路径上有可利用的管道时，可优先采用管道敷设方式。

（4）线缆敷设路径上有可利用建筑物时，可优先采用墙壁固定敷设方式。

（5）线缆敷设路径上没有管道和建筑物可利用，也不便立杆时，可采用直埋敷设方式。引出地面的出线口，宜选在相对隐蔽地点，并宜在出口处设置从地面计算高度不低于 3 m 的出线防护钢管，且周围 5 m 内不应有易攀登的物体。

（6）线缆由建筑物引出时，宜避开避雷针引下线，不能避开处两者平行距离应不小于 1.5 m，交叉间距应不小 1 m，并宜防止长距离平行走线。在间距不能满足上述要求时，可对电缆加缠铜皮屏蔽，屏蔽层要有良好的就近接地装置。

四、入侵报警系统设备安装

1. 红外对射的安装

1）红外对射安装方式

（1）支柱式安装。

支柱式安装有圆形和方形两种，支柱式安装要求支柱坚固牢实，没有移位或摇晃，以利于安装和设防，减少误报。目前大多采用方形支柱，探测器安装在方形支柱上具有没有转动、不易移动的优点。除了圆形和方形两种外，还可选用角钢作为支柱，如果不能保证走线有效地穿管暗敷，让线路裸露在空中，这种方法是不能取的。

（2）墙壁式安装。

现在主动红外线探测器制造商，能够提供水平 180°全方位转角，仰俯 20°以上转角的红外线探测器，可以支持探头在建筑物外壁或围墙、栅栏上直接安装。

2）红外对射接线方法

（1）无防拆接线。

不采用探测器的防拆功能，报警系统无法感知探测器是否遭到破坏，这种方式的接线在报警主机不设置单独的防拆防区或防拆设置，探测器的信号线材只需 4 芯。其接线方式最为简单、可靠，但安全性比较差。在这种接线方式下，报警主机只能感知探测器是否被警情触发，而无法探测到其他诸如探测器盒盖被打开，其接线方式如图 4-26 所示。

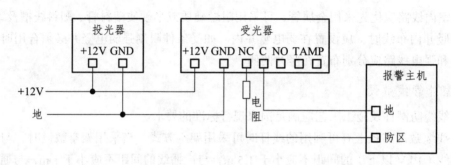

图 4-26　红外对射无防拆接线

（2）单独防拆防区接线。

将探测器防拆端口信号专门接入报警主机专用的防拆防区，这种方式的接线可靠、简单，通过报警主机对防拆防区单独编程达到设备、线路防拆。在这种接线方式下，当探测器盒盖被打开、线路被剪断、探测器失电时，无论报警系统是否处于布防状态，报警主机对应的防拆防区将被立即触发并发出设备被拆动的报警，但这种方式对探测器防拆接口或线路被短路时不会有报警触发，具有一定的局限性。其接线方式如图 4-27 所示。

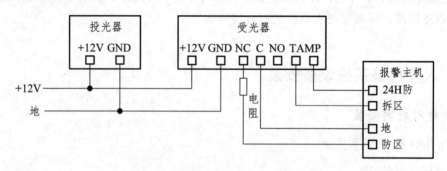

图 4-27　红外对射单独防拆防区接线

（3）红外对射信号串联（见图 4-28）。

多个探测器串接公用一个防区的情况下，只能在其中一个探测器按照单线尾方式接线，其他探测器均需按照无防拆方式接线，不能再接入电阻。一般不主张串接探测器，因为探测器串接越多，不能显示到底是哪一个防区及区域发生警情报警，如果碰到有探测器坏的情况又比较难排查。

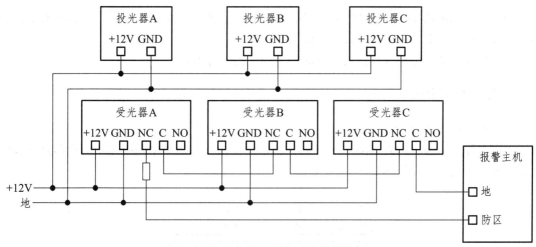

图 4-28　红外对射信号串联接线

2. 被动红外探测器安装要求

探测器对垂直于探测区方向的人体运动最敏感，故布置时应尽量利用这个特性达到最佳效果。如图 4-29（a）所示，B 点的布置效果好，A 点正对大门，其效果差。布置时要注意探测器的探测范围和水平视角。如图 4-29（b）所示，走廊处警戒对象再安装 C 点探测器。

红外光穿透力差，在防范区内不应有高大物体，否则阴影部分有人走动将不能报警。不要正对热源和强光源，特别是空调和暖气，否则不断变化的热气流将引起误报警。不宜面对玻璃门窗，一是白光干扰；二是避免门窗外复杂的环境干扰，如人群流动、车辆等。

被动式红外探测器根据视场探测模式，可直接安装在墙面上、天花板上或墙角，其布置和安装原则如下：

（1）壁挂式被动红外探测器，安装高度距地面 2.2 m 左右，视场与可能入侵方向最好成 90°角，探测器与墙壁的倾角视防护区域覆盖要求确定。

（2）吸顶式被动红外探测器，一般安装在重点防范部位上方附近的天花板上，应水平安装。

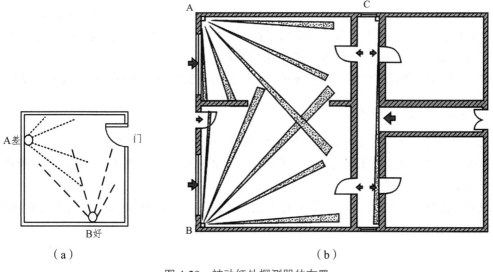

（a）　　　　　　　　　　　　　　　（b）

图 4-29　被动红外探测器的布置

（3）楼道式微波-被动红外探测器，视场面对楼道（通道）走向，安装位置以能有效封锁楼道（或通道）为准，距地面高度 2.2 m 左右。

（4）应避开能引起两种探测技术同时产生误报的环境因素。

3. 振动探测器安装

1）振动探测器接线

振动探测器安装有两种方式，一种是带防拆开关，一种为不带防拆开关。带防拆开关的占用主机两个防区。接线图如图 4-30 所示。

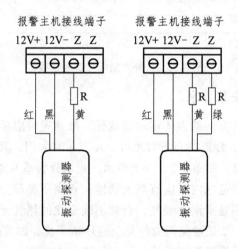

图 4-30　振动探测器接线

2）振动探测器的安装要求

（1）室内应用明敷、暗敷均可。通常安装于可能入侵的墙壁、天花板、地面或保险柜上。

（2）安装于墙体时，距地面高度 2 ~ 2.4 m 为宜，传感器垂直于墙面。

（3）室外应用时，通常埋入地下，深度在 10 cm 左右，不宜埋入土质松软地带。

（4）安装位置应远离振动源（如室内冰箱、空调等，室外树木、拦网桩柱等），室外用一般应与振动源保持 1.3 m 以上距离，室内用酌情处理。

（5）不宜用于附近有强振动干扰源的场所（如附近临公路、铁路、水泥构件厂等）。

4. 幕帘式红外探测器

先安装底座，将底座支架正对探测器底壳的螺丝孔位，用螺丝加固，将底座用两颗螺丝固定在墙上。再将已装好支架的红外探测器用力压进底座中心的圆孔，并将红外线探测调试到最佳角度。

幕帘传感器适合作为门、窗及阳台保护的红外探头。幕帘传感器接线示意图如图 4-31 所示（NC 为常闭触点）。

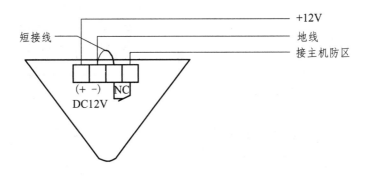

图 4-31 幕帘传感器接线示意图

任务三 视频监控系统

【任务描述】

（1）熟悉并掌握视频监控系统的组成和功能、常用设备的作用和分类；

（2）掌握视频监控系统线缆选型与布线。

【相关知识】

视频监控系统是安全技术防范体系中的一个重要组成部分，是一种先进的、防范能力极强的综合系统。它可以通过遥控摄像机及其辅助设备（镜头、云台等）直接观看被监视场所的情况；可以把被监视场所的图像内容、声音内容同时传送到监控中心，使被监视场所的情况一目了然。同时可以把被监视场所的图像及声音全部或部分地记录下来，为日后对某些事件的处理提供了方便条件及重要依据。

一、视频监控系统的组成与功能

1. 视频监控系统的组成

视频监控系统一般由摄像、传输、显示记录和控制四部分组成，如图 4-32 所示。

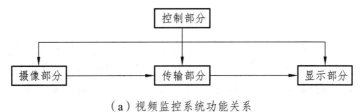

（a）视频监控系统功能关系

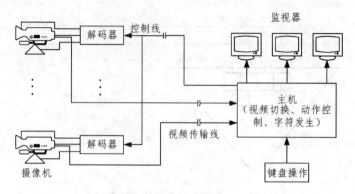

（b）视频监控系统基本组成

图 4-32　视频监控系统

1）摄像部分

摄像部分是电视监控系统的前端部分，是整个系统的"眼睛"。它布置在被监视场所的某一位置上，使其视场角能覆盖整个被监视的各个部位。由于摄像部分是系统的最前端，并且被监视场所的情况是由它变成图像信号传送到控制中心的监视器上，所以从整个系统来讲，摄像部分是系统的原始信号源。

在摄像机安装电动的（可遥控的）可焦距（变倍）镜头，使摄像机所能观察的距离更远，更清楚；把摄像机安装在电动云台通过控制台的控制，可以使云台带动摄像进行水平和垂直方向的转动，使摄像机能覆盖更大的角度、面积。

2）传输部分

在视频监控系统中，主要有两种信号，一是电视信号，二是控制信号。电视信号是从前端的摄像机流向控制中心；而控制信号则是从控制中心流向前端的摄像机、云台等受控对象。流向前端的控制信号，一般是通过设置在前端的解码器解码后再去控制摄像机和云台等受控对象的。传输部分包含的设备有线缆、调制与解调设备、线路驱动设备等。

3）显示与记录部分

显示与记录部分是把从现场传送来的电信号转换成图像在监视设备上显示并记录。

显示部分一般由几台或多台监视器（或带视频输入的普通电视机）组成。其功能是将传送过来的图像一一显示出来。特别是由多台摄像机组成的闭路视频监控系统中，一般都不是一台监视器对应一台摄像机进行显示，而是几台摄像机的图像信号用一台监视器轮流切换显示，因为被监视场所不可能同时发生意外情况，所以平时只要隔一定的时间（如几秒、十几秒或几十秒）显示一下即可。当某个被监视的场所发生情况时，可以通过切换器将这一路信号切换到某一台监视器上一直显示，并通过控制台对其遥控跟踪记录。

4）控制部分

控制部分一般安放在控制中心机房，通过有关的设备对系统的摄像、传输、显示与记录部分的设备进行控制，以及图像信号的处理。其中对系统的摄像、传输部分进行的是远距离的遥控。控制设备主要包括视频矩阵切换主机、视频分配器、视频放大器、视频切换器、多画面分割器、时滞录像机、控制键盘及控制台等。

2. 视频监控系统结构类型

针对不同用户的特点和功能要求，可以选择不同结构类型的视频监控系统。典型视频监控结构类型如下：

1）单头单尾方式

单头单尾方式是最简单的组成方式。头指摄像机，尾指监视器。这种由一台摄像机和一台监视器组成的方式，用在一处连续监视一个固定目标的场合，如图 4-33 所示。

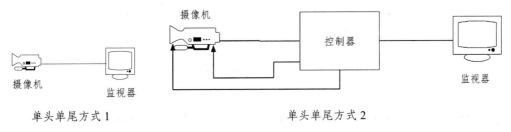

图 4-33　单头单尾方式

2）单头多尾方式

单头多尾方式是一台摄像机向许多监视点输送图像信号，由各个点上的监视器同时观看图像，如图 4-34 所示。这种方式用在多处监视同一个固定目标的场合。

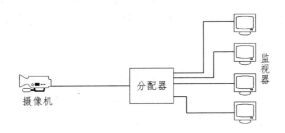

图 4-34　单头多尾方式

3）多头单尾方式

多头单尾方式适用于需要一处集中监视多个目标的场合。如果不要求录像，多台摄像机可通过一台切换器由一台监视器全部进行监视；如果要求连续录像，多台摄像机的图像信号通过一台图像处理器进行处理后，由一台录像机同时录制多台摄像机的图像信号，由一台监视器监视，如图 4-35 所示。

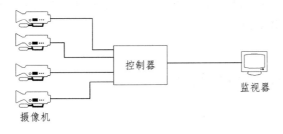

图 4-35　多头单尾方式

4）多头多尾方式

多头多尾方式适用于多处监视多个目标场合，并可对一些特殊摄像机进行云台和变倍镜头的控制，每台监视器都可以选切需要的图像，如图 4-36 所示。

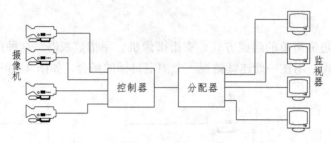

图 4-36　多头多尾方式

5）综合方式

上述四种方式各有优缺点，第一、二种方式太简单，在实际系统中很少应用。第三种方式虽然经济性较好，但在控制和显示方面显得很不方便，并且不能设立分控点。第四种方式虽控制和显示都较理想，但为了能较为连续地录制每台摄像机的图像信号，必须按摄像机的数量相应添加若干台录像机，由于系统的矩阵控制器成本比较高，再加上录像机的造价，会使整个系统的预算较高。根据上述四种方式的优缺点比较，一般系统均采用方式三、四相结合的综合方式，即保留矩阵控制器在控制和显示方面的优点，再使用多路画面处理器在高效率、低成本录像方面的长处，使二者有机地合二为一，让系统具有良好的性价比。

3. 视频监控系统功能

视频安全防范监控系统是在需要防范的区域和地点安装摄像机，把所监视的图像传送到监控中心，监控中心进行实时监控和记录。它的主要功能有以下几个方面：

（1）对视频信号进行时序、定点切换、编程。

（2）查看和记录图像，应有字符区分并做时间（年、月、日、时、分）的显示。

（3）接收安全防范系统中各子系统信号，根据需要实现控制联动或系统集成。

（4）视频安全防范监控系统与安全防范报警系统联动时，应能自动切换、显示、记录报警部位的图像信号及报警时间。

（5）输出各种遥控信号，如对云台、摄像机镜头、防护罩等的控制信号。

（6）系统内外的通信联系。

视频监控系统中，设备很多，技术指标又不完全相同，如何把它们集成起来发挥最大的作用，就需要综合考虑。控制联动是把各子系统充分协调，形成统一的安全防范体系，要求控制可靠，不出现漏报和误报。

二、视频监控系统常用设备

1. 摄像机

摄像部分主要由摄像机、镜头、防护罩、安装支架和云台等组成。它负责摄取现场景物并将其转换为电信号，经视频电缆将电信号传送到控制中心，通过解调、放大后将电信号转换成图像信号，送到监视器上显示出来。

1）摄像机分类

智能球机：能够360°选装镜头，能够变焦，选装控制板和控制线后可以远程遥控旋转和变焦，适用于较大的监控场所，如大厅、营业场所、广场等的监控，价格较贵。智能球机如图4-37（a）所示。

海螺半球：体积较小，一般比较美观，和枪机相比，受控对象没有恐惧感，一般相对价格较低，适合办公室、电梯、走廊等相对较小的范围的监控和大部分室内监控场所。海螺半球摄像机如图4-37（b）所示。

（a）　　　　　（b）　　　　　（c）　　　　　（d）

图4-37　各类型摄像机

普通枪机：按照是否防水分为室外和室内两种，品种比较多，是主要的前端信息采集设备，适合场所比较多，规格型号也比较多。根据需要可以安装各类大小镜头。普通枪机如图4-37（c）所示。

云台+枪机：可以360°旋转，如果加控制线可以远程控制，但不能变焦，主要用于较大的场所监控，但又不想使用智能球机的场所。一般云台如果不遥控，使用寿命有限，要经常更换。云台+枪机如图4-37（d）所示。

网络摄像机：网络摄像机是传统摄像机与网络视频技术相结合的新一代产品。摄像机传送来的视频信号数字化后由高效压缩芯片压缩，通过网络总线传送到Web服务器。网络用户可以直接用浏览器观看Web服务器上的摄像机图像，授权用户还可以控制摄像机云台镜头的动作或对系统配置进行操作。网络摄像机各功能接口如图4-38所示。

图4-38　网络摄像机各功能接口

2）摄像机附件

镜头：镜头与摄像机联合使用，对系统的性能影响较大。目前闭路视频监视系统中，常用的镜头种类有：手动/自动光圈定焦镜头和自动光圈变焦镜头。自动变焦镜头常用视频驱动和直流驱动两种驱动方式。

云台：如果一个监视点上所要监视的环境范围较大，则在摄像部分中必须设置云台。云台是承载摄像机进行水平和垂直两个方向转动的装置，如图4-39所示。云台内装两个电动机。这两个电动机一个负责水平方向的转动，转动的角度一般为350°；另一个负责垂直方向的转动，转动角度则有±45°、±35°、±75°等。云台大致分为室内用云台及室外用云台。室内用云台承重小，没有防雨装置。室外用云台承重大，有防雨装置。有些高档的室外云台除有防雨装置外，还有防冻加温装置。

图4-39   云台装置

防护罩：防护罩是使摄像机在有灰尘、雨水、高低温等情况下正常使用的防护装置，如图4-40所示。防护罩是为了保证摄像机和镜头有良好工作环境的辅助性装置，它将二者包含于其中。支架是固定云台及摄像机防护罩的安装部件。一般方式为在支架上安装云台，再将带或不带防护罩的摄像机固定在云台上。

图4-40   摄像机防护罩

2. 监视器和录像机

1）监视器

监视器是监控系统的显示部分，有了监视器我们才能观看前端送过来的图像。最小系统中可以仅有单台监视器，而最大系统中则可能是由数十台监视器组成的电视墙。监视器也有分辨率，同摄像机一样用线数表示。黑白监视器的中心分辨率通常可以达800线以上，彩色监视器的分辨率一般为300线以上。实际使用时一般要求监视器线数要与摄像机匹配。另外，有些监视器还有音频输入、S-video输入、RGB分量输入等，除了音频输入监控系统要用到外，其余功能大部分用于图像处理工作。

监视器的分类：

（1）按尺寸有：15/17/19/20/22/26/32/37/40/42/46/52/57/65/70/82寸监视器。

（2）按色彩分：彩色、黑白监视器。

（3）按用途分：安防监视器、监控监视器、电视台监视器、工业监视器、电脑监视器等。

2）录像机

目前多采用数字硬盘作为录像机，将模拟的音视频信号转变为数字信号存储在硬盘上，并提供录制、播放和管理的设备。数字硬盘录像机相对于传统的模拟视频录像机，采用硬盘录像，故常常被称为硬盘录像机，也被称为DVR。它是一套进行图像存储处理的计算机系统，具有对图像/语音进行长时间录像、录音、远程监视和控制的功能。数字硬盘录像机如图4-41所示。数字硬盘录像机后面板接口说明如图4-42所示。

图4-41　数字硬盘录像机

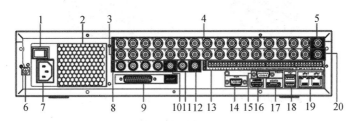

图4-42　数字硬盘录像机后板

1—电源开关；2—电源；3—环通视频输出；4—视频输入；5—视频输出；6—接地孔；7—电源输入孔；8—音频输入；
9—DB25接口（5-16路音频输入）；10—音频输出；11—语音对讲输入；12—语音对讲输出；
13—报警输入、报警输出；14—视频VGA输出；15—RS-232接口；16—HDMI接口；
17—eSATA接口；18—USB接口；19—网络接口；20—视频SPOT输出

3. 控制设备

1）画面分割器

画面分割器可实现在一台监视器上同时连续地显示多个监控点的图像画面。目前常用的有4、9和16画面分割器，图4-43所示为4路视频多画面分割器。通过分割器，可用一台录像机同时录制多路视频信号，回放时还能选择任意一幅画面在监视器上全屏放映。

图4-43　4路视频多画面分割器

2）矩阵切换主机

矩阵切换主机用于视频切换，多路视频信号进入视频切换器后，通过切换器的切换输出，便能达到用少量的监视器去监视多个监控点的目的。如是 m 台摄像机摄取的图像送到 n 台监视器上轮换分配显示。矩阵切换主机还要处理多路控制命令，与操作键盘、多媒体计算机控制平台等设备通过通信连接组成视频监控中心。

小规模视频矩阵切换主机常见的有 32×16（32 路视频输入、16 路视频输出）、16×8（16 路视频输入、8 路视频输出）等。大规模视频矩阵切换主机的有 128×32、1 024×64 等。

3）解码器

解码器，也称为接收器/驱动器（Receiver/Driver）或遥控设备（Telemetry），如图 4-44 所示。解码器的作用是对专用数据电缆接收的来自控制主机的控制码进行解码，放大输出，驱动云台的旋转，以及变焦镜头的变焦与聚焦的动作。通常，解码器可以控制云台的上、下、左、右旋转，变焦镜头的变焦、聚焦、光圈以及对防护罩雨刷器、摄像机电源、灯光等设备的控制，还可以提供若干个辅助功能开关，以满足不同用户的实际需要。高档次的解码器还带有预置位和巡游功能。

（a）室内解码器　　　（b）室外解码器

图 4-44　解码器

解码器一般安装在配有云台及电动镜头的摄像机附近。解码器一端通过多芯控制电缆直接与云台及电动镜头连接，另一端通过通信线缆（通常为两芯护套线或两芯屏蔽线）与监控室内的系统主机相联。

通常，解码器对云台的驱动电压为 AC 24 V，对镜头的驱动电压为±DC 7～12 V。在选择解码器时，除应考虑解码器与其所配套的云台、镜头的技术参数是否匹配外，还要考虑解码器要求的工作环境。

解码器有以下几种分类：

（1）按照云台供电电压分为交流解码器和直流解码器。

交流解码器为交流云台提供交流 230 V 或 24 V 电压驱动云台转动。直流云台为直流云台提供直流 12 V 或 24 V 电源。如果云台是变速控制的，还要求直流解码器为云台提供 0～33 V 或 36 V 直流电压信号，来控制直流云台的变速转动。

（2）按照通信方式分为单向通信解码器和双向通信解码器

单向通信解码器只接收来自控制器的通信信号，并将其翻译为对应动作的电压/电流信号驱动前端设备。双向通信的解码器除了具有单向通信解码器的性能外，还向控制器发送通信信号，因此可以实时将解码器的工作状态传送给控制器进行分析。另外，可以将报警探测器等前端设备信号直接输入解码器中，由双向通信来传送现场的报警探测信号，减少线缆的使用。

（3）按照通信信号的传输方式可分为同轴传输和双绞线传输。

一般的解码器都支持双绞线传输的通信信号，而有些解码器还支持或者同时支持同轴电缆传输方式，也就是将通信信号经过调制与视频信号以不同的频率共同传输在同一条视频电缆上。

4）操作键盘

操作键盘是监控人员控制闭路视频监控设备的平台，通过它可以切换视频、遥控摄像机的云台转动或镜头变焦等，它还具有对监控设备进行参数设置和编程等功能。图 4-45 所示为常用的操作键盘。

图 4-45　操作键盘

【系统施工】

一、设备选型与设置

1. 摄像机

（1）为确保系统总体功能和总体技术指标，摄像机选型要充分满足监视目标的环境照度、安装条件、传输、控制和安全管理需求等因素的要求。

（2）监视目标的最低环境照度不应低于摄像机靶面最低照度的 50 倍。

（3）监视目标的环境照度不高，且需安装彩色摄像机时，需设置附加照明装置。附加照明装置的光源光线宜避免直射摄像机镜头，以免产生晕光，并力求环境照度分布均匀，附加照明装置可由监控中心控制。

（4）在监视目标的环境中可见光照明不足或摄像机隐蔽安装监视时，宜选用红外灯作光源。

（5）应根据现场环境照度变化情况，选择适合的宽动态范围的摄像机；监视目标的照度变化范围大或必须逆光摄像时，宜选用具有自动电子快门的摄像机。

（6）摄像机镜头安装宜顺光源方向对准监视目标，并宜避免逆光安装；当必须逆光安装时，宜降低监视区域的光照对比度或选用具有帘栅作用等具有逆光补偿的摄像机。

（7）摄像机的工作温度、湿度应适应现场气候条件的变化，必要时可采用适应环境条件的防护罩。

（8）摄像机应有稳定牢固的支架：摄像机应设置在监视目标区域附近不易受外界损伤的位置，设置位置不应影响现场设备运行和人员正常活动，同时保证摄像机的视野范围满足监视的要求。

（9）设置的高度，室内距地面不宜低于 2.5 m；室外距地面不宜低于 3.5 m。室外如采用立杆安装，立杆的强度和稳定度应满足摄像机的使用要求。

（10）电梯轿厢内的摄像机应设置在电梯轿厢门侧顶部左或右上角，并能有效监视乘员的体貌特征。

2. 云台/支架

（1）监视对象为固定目标时，摄像机宜配置手动云台即万向支架。

（2）监视场景范围较大时，摄像机应配置电动遥控云台，所选云台的负荷能力应大于实际负荷的 1.2 倍；云台的工作温度、湿度范围应满足现场环境要求。

（3）云台转动停止时应具有良好的自锁性能，水平和垂直转角回差不应大于 1°。

（4）云台的运行速度（转动角速度）和转动的角度范围，应与跟踪的移动目标和搜索范围相适应。

二、线缆选型与布线

缆选型与布线一般规定：

（1）模拟视频信号宜采用同轴电缆，根据视频信号的传输距离、端接设备的信号适应范围和电缆本身的衰耗指标等确定同轴电缆的型号、规格；信号经差分处理，也可采用不劣于五类线性能的双绞线传输。

（2）根据线缆的敷设方式和途经环境的条件确定线缆型号、规格。

（3）所选用电缆的防护层应适合电缆敷设方式及使用环境的要求（如气候环境、是否存在有害物质、干扰源等）。

（4）室外线路，宜选用外导体内径为 9 mm 的同轴电缆，并采用聚乙烯外套。

（5）室内距离不超过 500 m 时，宜选用外导体内径为 7 mm 的同轴电缆，且采用防火的聚氯乙烯外套。

（6）终端机房设备间的连接线，距离较短时，宜选用外导体内径为 3 mm 或 5 mm，且具有密编铜网外导体的同轴电缆。

（7）电梯轿厢的视频同轴电缆应选用电梯专用电缆。

任务四　出入口控制系统

【任务描述】

（1）了解出入口监控系统的功能，掌握出入口监控系统的作用；

（2）掌握出入口监控系统常用设备的功能和分类；

（3）掌握出入口监控系统管路线路的敷设要求，以及常用设备的安装规定。

【相关知识】

一、出入口控制系统概述

1. 出入口控制系统

出入口控制系统是安全防范管理系统的重要组成部分，现行国家标准 GB 50348《安全防范工程技术规范》中对出入口的定义为：利用自定义符识别/模式识别技术对出入口目标进行识别并控制出入口执行机构启闭的电子系统或网络。

出入口控制系统集自动识别技术和安全管理措施为一体，涉及电子、机械、生物识别、光学、计算机、通信等技术，主要解决出入口安全防范管理的问题，实现对人、物的出入控制和管理功能。因为采用门禁控制方式提供安全保障，故又称为门禁控制系统。

在建筑物内的主要管理区、出入口、门厅、电梯门厅、中心机房、贵重物品库、车辆进出口等通道口，安装门磁开关、电控门锁、以及读卡器、生物识别系统等控制装置，由中心控制室监控，出入口控制采用计算机多重任务的处理，即可控制人员（或车辆）的出入，又可控制人员在楼内或相关区域的行动，起到了保安、门锁和围墙的作用。虽然应用的领域不同，但各种类型出入口控制系统都具有相同的控制模型。由于人们对出入口的出入目标类型、重要程度以及控制方式、方法等应用需求千差万别，带来对产品功能、结构、性能、价格的要求有很大不同，使得出入口控制系统产品具有多样性的特点。

2. 出入口控制系统功能

1）对通道进出权限的管理

进出通道的权限：就是对每个通道设置哪些人可以进出，哪些人不能进出。

进出通道的方式：就是对可以进出该通道的人进行进出方式的授权，进出方式通常有密码、读卡（生物识别）、读卡（生物识别）+密码三种方式。

进出通道的时段：就是设置该通道的人在什么时间范围内可以进出。

2）实时监控功能

系统管理人员可以通过微机实时查看每个区人员的进出情况（同时有照片显示）、每个门区的状态（包括门的开关、各种非正常状态报警等），也可以在紧急状态打开或关闭所有的门区。

3）出入记录查询功能

系统可储存所有的进出记录、状态记录，可按不同的查询条件查询，配备相应考勤软件可实现考勤、门禁一卡通。

4）异常报警功能

在异常情况下可以实现微机报警或报警器报警，如非法侵入、门超时未关等。根据系统的不同门禁系统还可以实现以下一些特殊功能：

（1）反潜回功能：就是持卡人必须依照预先设定好的路线进出，否则下一通道刷卡无效。本功能是防止持卡人尾随别人进入。

（2）防尾随功能：就是持卡人必须关上刚进入的门才能打开下一个门。本功能与反潜回实现的功能一样，只是方式不同。

（3）消防报警监控联动功能：在出现火警时门禁系统可以自动打开所有电子锁让里面的人随时逃生。与监控联动通常是指监控系统自动将有人刷卡时（有效/无效）录下当时的情况，同时也将门禁系统出现警报时的情况录下来。

（4）网络设置管理监控功能：大多数门禁系统只能用一台微机管理，而技术先进的系统则可以在网络上任何一个授权的位置对整个系统进行设置监控查询管理，也可以通过 Internet 网上进行异地设置管理监控查询。

（5）逻辑开门功能：简单地说，就是同一个门需要几个人同时刷一卡（或其他方式）才能打开电控门锁。

二、出入口控制系统的工作原理

1. 出入口控制系统工作过程

出入口控制系统主要由识读部分、传输部分、管理/控制部分和执行部分以及相应的系统软件组成，如图 4-46 所示。

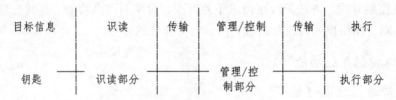

图 4-46　出入口控制系统组成

出入口控制系统的工作过程：识读部分识读钥匙时，将钥匙上的信息送给控制/管理部分，根据接收的信息、当前时间和已登记存储的信息，控制/管理部分将判断正在识别钥匙的有效性，并控制执行部分的开启大门。控制/管理部分所记录的钥匙信息、登记时间、是否注册、是否有效等信息以及门的状态信息，都显示在计算机上。

2. 出入口识读部分的工作原理

出入口目标识读部分将提取出入目标身份等信息转换为一定的数据格式传递给出入口管理子系统；管理子系统再与所载有的资料对比，确认同一性，核实目标的身份，以便进行各种控制处理。

1）出入口目标识读分类

对人员目标：分为生物特征识别系统、人员编码识别系统两类。对物品目标：分为物品特征识别系统、物品编码识别系统两类。

生物特征识别系统是采用生物测定（统计）学方法通过拾取目标人员的某种身体或行为特征提取信息。常见的生物特征识别系统主要有指纹识别、掌形识别、手指静脉识别、眼底纹路识、虹膜识别、面部识别、语音特征识别、签字识别等。

人员编码识别系统是通过编码识别装置，直接提取目标人员的个人编码信息。常见的人员编码识别系统有普通编码键盘、乱序编码键盘、条码卡识别、磁条卡识别、接触式 IC 卡识别、非接触式 IC 卡（感应卡）识别等。

物品特征识别系统是通过辨识目标物品的物理、化学等特性，形成特征信息，如金属物品识别、磁性物质识别、爆炸物质识别、放射性物质识别、特殊化学物质识别等。物品编码识别系统通过编码识别装置，提取附着在目标物品上的编码载体所含的编码信息，包括一件物品一码及一类物品一码两种方式。常见的有应用于超市防盗的电子 EAS 防盗标签、RFID 识别标签等。

2）出入口识读部分的技术特点

识读部分是出入口控制系统的前端设备，负责实现对出入目标的个性化探测任务，在编码识别设备中，以卡片式读取设备最为广泛，如条码卡、磁条卡、维根卡（Wiegand card）、接触式 IC 卡、无源感应卡。

生物特征识别不依附于其他介质，直接实现对出入目标的个性化探测，如指纹识别。指纹识别设备易于小型化，使用方便，识别速度较快，但操作时需人体接触识读设备，需人体配合程度较高。

3. 出入口管理/控制部分的工作原理

1）出入口管理/控制部分功能

出入管理子系统是出入口控制系统的管理与控制中心，其具体功能如下：

（1）是出入口控制系统人机界面；

（2）负责接收从出入口识别装置发来的目标身份等信息；

（3）指挥、驱动出入口控制执行机构的动作；

（4）出入目标的授权管理（对目标的出入行为能力进行设定），如出入目标的识别级别、出入目标某时可出入某个出入口、出入目标可出入的次数等；

（5）出入目标的出入行为鉴别及核准，把从识别子系统传来的信息与预先存储、设定的信息进行比较、判断，对符合出入授权的出入行为予以放行；

（6）出入事件、操作事件、报警事件等的记录、存储及报表的生成，事件通常采用“4W”的格式，即 When（什么时间）、Who（谁）、Where（什么地方）、What（干什么）；

（7）系统操作员的授权管理，设定操作员级别管理，使不同级别的操作员对系统有不同的操作能力，还有操作员登录核准管理等；

（8）出入口控制方式的设定及系统维护，单/多识别方式选择，输出控制信号设定等；

（9）出入口的非法侵入、系统故障的报警处理；

（10）扩展的管理功能及与其他控制及管理系统的连接，如考勤、巡更等功能，与入侵报警、视频监控、消防等系统的联动。

2）出入口管理/控制部分的技术特点

出入口管理/控制部分硬件种类：中心管理计算机、8/16/32 位单片机、非易失存储器、看门狗、保护电路。接口类型有 RS-485、威根口、以太网接口、继电器干接点。出入口管理/

控制部分软件具有人性化、集成化的特点。

4. 出入口控制执行部分的工作原理

1）出入口控制执行部分的工作原理

出入口控制执行机构接受从出入口管理子系统发来的控制命令，在出入口做出相应的动作，实现出入口控制系统的拒绝与放行操作，执行机构分为闭锁设备、阻挡设备及出入准许指示装置设备三种表现形式。例如，电控锁、挡车锁、报警指示装置等被控设备，以及电动门等控制对象。

磁力锁：主要用于双扇单向开木门、金属门，只有断电开门的产品。

阳极锁：主要用于双向开玻璃门、木门、金属门，以断电开门的产品为主。

阴极锁：主要用于单扇单向开木门、金属门，有断电开门及断电锁门等产品。

2）出入口控制执行部分的技术特点

出入口控制执行部分，主要分为闭锁部件、阻挡部件、出入准许指示部件等三类产品。闭锁部件主要指各种电控、电动锁具；阻挡部件主要指各种电动门、升降式地挡（阻止车辆通行的装置）等设备；通行/禁止指示灯等属于典型的出入准许指示部件。

在停车场已广泛使用的电动栏杆机，其阻挡能力有限，且有诸多防砸车等对机动车的保护设计，不能起到阻止犯罪分子驾车闯关的作用，也属于出入准许指示部件。

三、出入口控制系统结构

出入口控制系统的结构如图 4-47 所示。该系统包含了三个层次的设备。

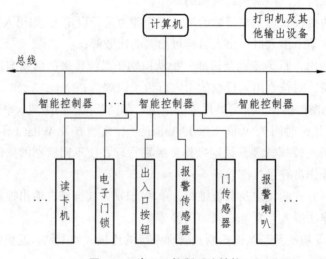

图 4-47　出入口控制系统结构

最高层是中央管理计算机：装有出入口管理软件，实现对整个出入口控制系统的控制和管理，同时与其他的系统进行联网控制。

中间层是出入口控制器：分散控制各个出入口，识别进出人员的身份信息，控制出入，并将现场的各种出入信息及时传到中央控制计算机。

最低层是末端设备：包括识别装置（读卡器、指纹机、掌纹机、视网膜识别机、面部识别机等）和检测及执行装置（门磁开关、电子门锁、报警器、出门按钮）。

最低层的输出信号送到控制器，并根据发来的信号和原来存储的信号相比较并做出判断，然后发出处理信息。每个控制器管理着若干个门，可以自成一个独立的门禁系统，多个控制器通过网络与计算机联系起来，构成全楼宇的门禁系统。计算机通过管理软件对系统中的所有信息加以处理。

四、出入口控制系统常用设备

1. 最高层常用设备

最高层是管理中心，通常采用安装有监控软件的计算机。

2. 中间层常用设备

1）门禁控制器

门禁控制器是门禁管理系统的核心部分，它负责整个系统的输入/输出信息的处理和储存、控制等。它验证门禁读卡器输入信息的可靠性，并根据出入规则判断其有效性，如有效则对执行部件发出动作信号。门禁控制器如图 4-48 所示。

图 4-48　门禁控制器

按控制门数分类门禁控制器可分为单门、双门、四门等不同类型：

（1）单门控制器：只控制一个门区，不能区分是进还是出。

（2）单门双向控制器：控制一个门区，可以区分是开门还是关门。

（3）双门单向控制器：可以控制两个门区，不能区分是进还是出。

（4）双门双向控制器：可以控制两个门区，可以区分是开门还是关门。

（5）四门单向控制器：顾名思义，就是一个控制器可以控制四个门区。

（6）四门双向控制器：比四门单向控制器多出一个功能，可以区分是进门还是出门。

（7）多功能控制器：可以根据具体要求在单门双向和双门单向这两个功能间转换，比较灵活。

门禁控制器接口与各设备的连接如图 4-49 所示。其功能有：门的进、出双向读卡器；报警输入信号，并输出报警/控制继电器触点信号；密码键盘；有串行通信端口或调制解调器端口，能够进行联网和数字信号远距离传输（非联网型的单门门禁控制器不需要通信端口）；持多种读卡技术；有不间断供电电源；有门状态、电源状态、系统故障等指示。

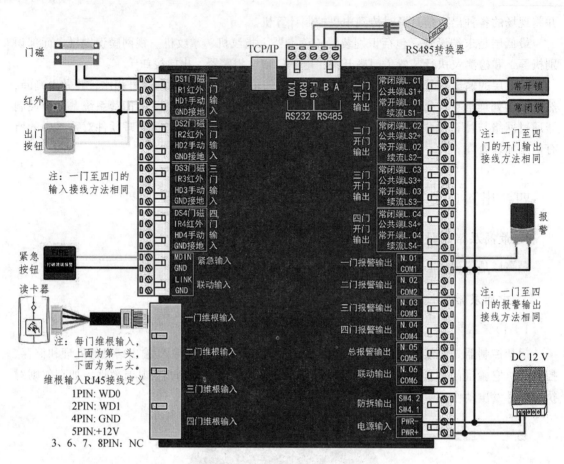

图 4-49   门禁控制器接口连接说明

2）电锁

门禁控制器控制门开、闭的主要执行机构是各类电锁，包括电插锁、磁力锁、电锁口和电控锁等，是门禁管理系统中锁门的执行部件。电锁如图 4-50 所示。

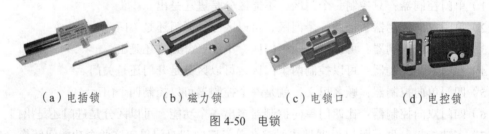

（a）电插锁   （b）磁力锁   （c）电锁口   （d）电控锁

图 4-50   电锁

（1）电插锁。

电插锁属常开型，断电开门符合消防要求是门禁管理系统中主要采用的锁体，主要用于双向开玻璃门、木门、金属门，以断电开门的产品为主，属于"阳极锁"的一种。

（2）磁力锁。

磁力锁与电插锁比较类似，属常开型，一般情况下断电开门，适用于通道性质的玻璃门或铁门、单元门、办公区通道门等大多采用磁力锁，完全符合通道门体消防规范，即一旦发生火灾，门锁断电打开，避免发生人员无法及时离开的情况。

磁力锁是一种依靠电磁铁和铁块之间产生吸力来闭合门的电锁，电磁线圈产生磁场，推斥或吸引传动杆完成离合过程，从而控制锁的开合。如果断电，电控锁将改变自身状态。如果是在通电情况下锁门的，只要断电就可以开锁；如果是在断电情况下锁门的，只要通电就可以开锁。所以门禁系统控制电磁锁实际上是控制电磁锁的电源。

（3）电锁口。

电锁口属于阴极锁的一种，适用于办公室木门、家用防盗铁门，特别适用于带有阳极机械锁，且又不希望拆除的门体，当然电锁口也可以选配相匹配的阳极机械锁，一般安装在门的侧面，必须配合机械锁使用。其优点是价格便宜，有停电开和停电关两种。其缺点是冲击电流比较大，对系统稳定性影响大，由于是安装在门的侧面，布线很不方便，同时锁体要挖空埋入，安装较吃力，使用该类型电锁的门禁管理系统用户不刷卡，也可通过球型机械锁开门，降低了电子门禁管理系统的安全性和可查询性，且能承受的破坏力有限，可借助外力强行开启，安全性较差。

（4）电控锁。

电控锁适用于家用防盗铁门，单元通道铁门、档案库铁门，可选配机械钥匙，电控锁的内部结构主要由电磁装置组成。用户只要按下室内机上的开锁键就能使电磁线圈通电，从而使电磁装置带动连杆动作，打开控制大门，大多属于常闭型。

电控锁的缺点是冲击电流较大，对系统稳定性冲击大，开门时噪声较大且安装不方便。经常需要专业的焊接设备，点焊到铁门。针对电控锁噪声大的缺点，现市面上已有新型的"静音电控锁"，它不再是利用电磁铁原理，而是驱动一个小马达来伸缩锁头，减少噪声。

3. 最低层常用设备

1）读卡器

读卡器用于读取卡片中的数据和其他相关信息，如图4-51所示。

（a）IC卡读卡器　　　（b）磁卡读卡器　　　（c）指纹识别

图4-51　读卡器

2）卡片

卡片相当于钥匙的角色，同时也是进/出人员的证明，如图4-52所示。

（a）接触式　　　　　　　　（b）非接触式

图4-52　卡片

3）出门按钮

"出门按钮"或"开门按钮"主要应用于单向刷卡门禁管理系统中。出门按钮的原理与门铃按钮的原理相同，按下按钮时，内部两个触点导通，松手时按钮弹回，触点断开。出门按钮一般有常开、常闭两种。如今，大多数出门按钮都有常开点，又有常闭点，以便于在门禁系统中灵活应用。有的门禁管理系统直接采用门铃按钮来做出门按钮，此时门铃按钮通常会印刷一个"铃铛"的图案在上面。出门按钮如图 4-53 所示。

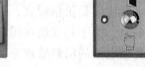

（a）塑料按钮　　　　　　（b）金属按钮

图 4-53　出门按钮

【系统施工】

一、管路、线缆敷设

（1）管路、线缆敷设应符合 GB 50396—2007《出入口控制系统工程设计规范》和 GB 50606—2010《智能建筑工程施工规范》的规定，如有隐蔽工程的应办隐蔽验收。

（2）线缆回路应进行绝缘测试，并有记录，绝缘电阻一般应大于 20 MΩ。

（3）地线、电源线应按规定进行连接，电源线与信号线的分槽（或管）敷设，以免干扰。采用联合接地时，接地电阻应小于 1Ω。

（4）当使用 TCP/IP 协议时，最好不要与其他智能系统（包括办公自动化系统等软件系统）共用网络交换机，即为门禁管理系统单独配备网络交换机，以免因协议冲突发生传输上的意外。

二、安装要求

1. 出入口控制系统安装

出入口控制系统安装的一般要求：

（1）安装电磁锁、电控锁、门磁前，应核对锁具、门磁的规格、型号是否与其安装的位置标高、门的种类和开关方向相匹配。

（2）电磁锁、电控锁、门磁等设备安装时应预先在门框、门扇对应位置开孔。

（3）按设计及产品说明书的接线要求，将盒内甩出的导线与电磁锁、电控锁、门磁等设备接线端子相压接。

（4）电磁锁安装：首先将电磁锁的固定平板和衬板分别安装在门框和门扇上，然后将电磁锁推入固定平板的插槽内,即可固定螺丝,按图连接导线。

(5)在玻璃门的金属门框安装电磁锁,一般置于门框的顶部。

(6)读卡器、出门按钮等设备的安装位置和标高应符合设计要求。如无设计要求,读卡器和出门按钮的安装高度宜为 1.4 m,与门框的距离宜为 100 mm。终端设备安装如图 4-54 和图 4-55 所示。

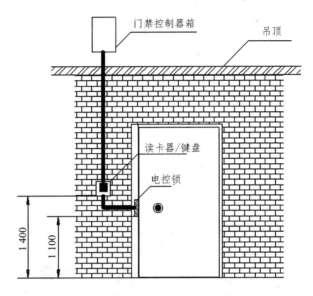

图 4-54　终端设备的安装(门外)

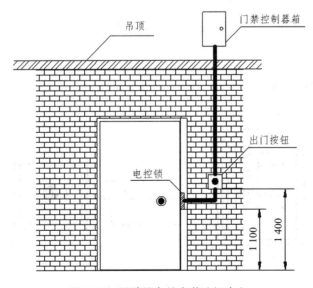

图 4-55　终端设备的安装(门内)

(7)使用专用机螺钉将读卡器固定在暗装预埋盒上,固定应牢固可靠,使面板端正,紧贴墙面,四周无缝隙,如图 4-56 所示。

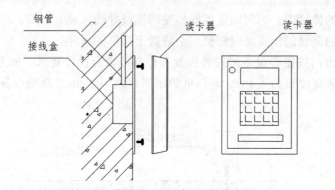

图 4-56　读卡器的安装示意图

2. 设备连接

1）门磁连接

门磁连线如图 4-57 所示。

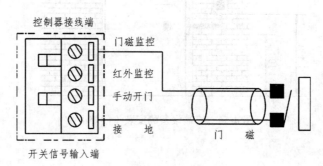

图 4-57　门磁连线

2）手动开门连接

手动开门连线如图 4-58 所示。

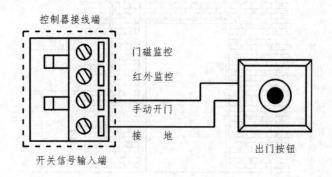

图 4-58　手动开门连线

3）红外探头连接

红外探头连线如图 4-59 所示。

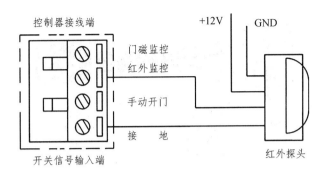

图 4-59 红外探头连线

4）控制器与报警设备连接

控制器与报警设备连线如图 4-60。

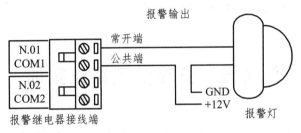

图 4-60 控制器与报警设备连线

5）电锁与控制器连接

电锁到控制器的连线可采用 2 芯电源线（单芯线径大于 1.0 mm），如果需要获取门状态，加布 2 芯屏蔽电缆（单芯线径大于 0.3 mm）；电锁应采用独立电源单独供电，而不应从控制器上对其供电；电锁根据上电工作方式的不同，可以分为两种，一种是通电时上锁，称为常开锁，如磁力锁、电插锁；另一种是断电时上锁，称为常闭锁，如阴极锁等，接线如图 4-61 和图 4-62 所示。

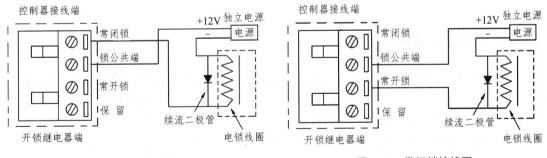

图 4-61 常开锁接线图　　　图 4-62 常闭锁接线图

注意：如果将常闭锁按常开锁的方式接线，将有可能导致电锁线圈因长时间通电而烧毁，导致电锁损坏。

6）读卡器与控制器连接

读卡器与控制器的连接如图 4-63 所示。

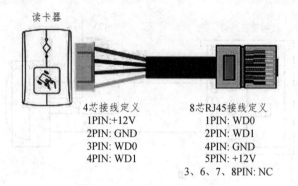

读卡器

4芯接线定义
1PIN：+12V
2PIN：GND
3PIN：WD0
4PIN：WD1

8芯RJ45接线定义
1PIN：WD0
2PIN：WD1
4PIN：GND
5PIN：+12V
3、6、7、8PIN：NC

图 4-63　读卡器与控制器连接

读卡器到控制器的连线采用 4 芯屏蔽线即可，但最好采用 6 芯屏蔽线，（单芯线径≥0.3 mm），其中 2 芯线留作备用。读卡器与控制的距离不要超过 100 m，如果读卡器与控制器之间的连线距离大于 15 m，应对读卡器单独供电。

任务五　安全防范系统实训

子任务一　可视对讲及室内安防系统

【实训目的】

（1）掌握可视对讲及室内安防系统的原理，绘制可视对讲及室内安防系统接线图；

（2）掌握管理中心机、室外主机、室内分机、联网器、分配器、电插锁、门磁开关安装，按接线图连接设备；

（3）能调试可视对讲及室内安防系统的基本功能。

【实训设备、材料及工具准备】

设备及材料：管理中心机、室外主机、室内分机、联网器、分配器、电插锁、通信转换模块、门磁开关、ID 卡、门前铃、家用紧急求助按钮、被动红外空间探测器、被动红外幕帘探测器、燃气探测器、感烟探测器、线材若干。

工具：螺钉旋具、斜口钳、剥线钳、电烙铁、焊锡、接线端子等。

【实训任务】

配置室内分机、管理中心机、室外主机等器件参数，实现以下功能：

（1）通过室外主机（地址为 1）呼叫多功能室内分机（房间号：101），实现可视对讲与开锁功能，要求视频、语音清晰。

（2）通过室外主机（地址为1）呼叫普通室内分机（房间号：102），实现对讲与开锁功能，要求语音清晰。

（3）注册2张ID卡，使其分属于两个住户（101和102），实现室外主机的刷卡开锁功能。

（4）为室外主机配置两个用户（101和102），实现密码开锁功能，101室开锁密码为：1111；102室开锁密码为：2222。

（5）通过对讲门禁软件，实现室外主机及室内分机与管理中心机的通信，对讲门禁软件中可记录对讲门禁系统运行记录。

（6）多功能室内分机设置为外出布防状态时，触发任意一个探测器，均可实现室内分机报警和管理中心报警。

【设备功能及端口介绍】

在系统接线前，先要了解系统中各设备都有哪些接线端口，每个接线端口传输的是什么信号。

1. 管理中心机

管理中心机接线端子如图4-64所示，管理中心机接线端子接线说明如表4-2所示。

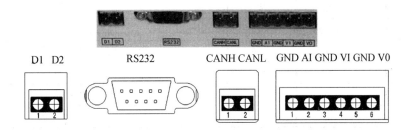

图4-64 管理中心机接线端子图

表4-2 接线说明

端口号	序号	端子标识	端子名称	连接设备名称	注释
端口A	1	GND	地	室外主机或矩阵切换器	音频信号输入端口
	2	AI	音频入		
	3	GND	地		视频信号输入端口
	4	VI	视频入		
	5	GND	地	监视器	视频信号输出端，可外接监视器
	6	VO	视频出		
端口B	1	CANH	CAN正	室外主机或矩阵切换器	CAN总线接口
	2	CANL	CAN负		
端口C	1-9	RS-232		计算机	RS-232接口，接上位计算机
端口D	1	D1	18 V电源	电源箱	给管理中心机供电，18 V无极性
	2	D2			

2. 室外主机

单元门口机提供呼叫住户、对讲、彩色可视、夜光红外补偿、密码开锁、键盘夜视灯、感应卡入户等功能。室外主机接线端子如图 4-65 所示。

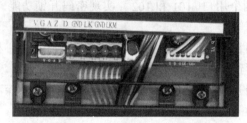

图 4-65　室外主机接线端子

室外主机端子接线说明如表 4-3 所示。

表 4-3　室外主机端子接线说明

	端子序	标识	名称	连接关系
电源端子	1	D	电源	接层间分配器电源+18 V
	2	G	地	接层间分配器电源端子 GND
	3	LK	电控锁	接电控锁正极
	4	G	地	接锁地线
	5	LKM	电磁锁	接电磁锁正极
通信端子	1	V	视频	接联网器室外主机端子 V
	2	G	地	接联网器室外主机端子 G
	3	A	音频	接联网器室外主机端子 A
	4	Z	总线	接联网器室外主机端子 Z

3. 多功能室内分机

多功能室内分机是安装于住户室内的可视对讲设备，住户可通过室内分机接听小区门口机、室外主机的呼叫，并为来访者打开单元门的电锁，还可看到来访者的图像，与其进行可视通话；可实现户户对讲，呼叫管理中心机。多功能室内分机接线端子如图 4-66 所示。

图 4-66　多功能室内分机接线端子

多功能室内分机接线端子接线说明如表4-4所示。

表4-4　多功能室内分机接线端子说明

端口号	端子序号	端子标识	端子名称	连接设备名称	连接设备端口号	连接设备端子号	说　明
主干端口	1	V	视频	层间分配器/门前铃分配器	层间分配器分支端子/门前铃分配器主干端子	1	单元视频/门前铃分配器视频
	2	G	地			2	地
	3	A	音频			3	单元音频/门前铃分配器音频
	4	Z	总线			4	层间分配器分支总线/门前铃分配器主干总线
	5	D	电源	层间分配器	层间分配器分支端子	5	室内分机供电端子
	6	LK	开锁	住户门锁		6	对于多门前铃,有多住户门锁,此端子可置空
门前铃端口	1	MV	视频	门前铃	门前铃	1	门前铃视频
	2	G	地			2	门前铃地
	3	MA	音频			3	门前铃音频
	4	M12	电源			4	门前铃电源
安防端口	1	12V	安防电源	室内报警设备	外接报警/探测器电源	各报警前端设备的相应端子	给报警器、探测器供电,供电电流≤100 mA
	2	G	地				地
	3	HP	求助		求助按钮		紧急求助按钮接入口常开端子
	4	SA	防盗		红外探测器		接与撤布防相关的门、窗磁传感器、防盗探测器的常闭端子
	5	WA	窗磁		窗磁		
	6	DA	门磁		门磁		
	7	GA	燃气探测		燃气泄漏		接与撤布防无关的烟感、燃气探测器的常开端子
	8	FA	感烟探测		火警		
	9	DAI	立即报警门磁		门磁		接与撤布防相关门磁传感器、红外探测器的常闭端子
	10	SAI	立即报警防盗		红外探测器		
警铃端口	1	JH	警铃		警铃电源	外接警铃	电压:DC 14.5～18.5 V
	2	G	地				电流≤50 mA

4. 联网器

联网器连接室外主机、视频切换器和小区门口机,实现联网。联网器与层间分配器、管理中心机、电源箱的接线示意图如图4-67所示。

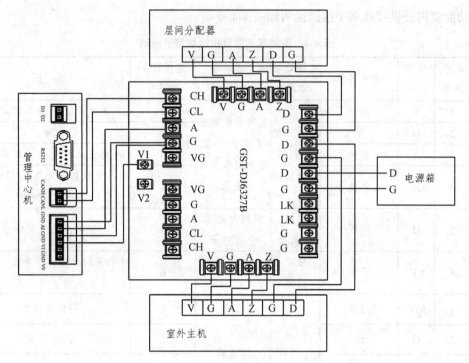

图 4-67　联网器的接线示意图

【实训报告】

（1）画出可视对讲及室内安防系统接线图。

（2）在表 4-5 中列出所用可视对讲及室内安防设备清单及所需材料。

表 4-5　可视对讲及室内安防系统设备、材料清单

序号	名称	型号	数量	备注

（3）请写出小组成员及分工情况。

（4）分小组进行任务的实施。要求正确使用相关设备及工具，安全文明操作，现场工具设备摆放整齐，并请记录具体的实训过程。

（5）如发现问题，自己先分析查找故障原因，并进行记录。

（6）实训展示。

将实训结果进行展示。能用专业的语言对整个实训过程进行描述。

子任务二　视频监控系统

【实训目的】

（1）掌握视频监控系统原理，绘制视频接线图；

（2）掌握摄像机、视频矩阵、硬盘录像机安装，按接线图连接设备；

（3）能调试基本监控功能。

【实训设备、材料及工具准备】

设备及材料：高速球云台摄像机、一体化摄像机、红外摄像机、枪形摄像机、红外对射探测器、门磁、视频矩阵、硬盘录像、CRT 监视器、线材若干。

工具：螺钉旋具、斜口钳、剥线钳、电烙铁、焊锡等。

【实训任务】

（1）CRT 监视器第一路监控硬盘录像机输出的视频画面，第二路监控矩阵主机第一输出通道的视频画面，通过遥控器能实现两路通道之间的切换。

（1）通过矩阵切换各摄像机画面，分别在液晶和 CRT 监视器上显示。能够实现 4 路视频画面的队列切换（时序切换），各画面切换时间为 3 s。

（2）通过矩阵控制室内万向云台旋转，并对一体化摄像机进行变倍、聚焦操作。

（3）通过硬盘录像机在 CRT 监视器上实现 4 路摄像机的画面显示，并控制高速球云台摄像机旋转、变倍和聚焦。

（4）能够使用硬盘录像机设置并调用高速球型云台摄像机的预置点，实现高速球云台摄像机的预置点顺序扫描、顺时针扫描、逆时针扫描、线扫等操作。

（5）通过硬盘录像机实现报警和预置点联动录像：红外对射探测器触发时，声光报警器报警，同时高速球云台摄像机实现预置点联动录像。

（6）通过硬盘录像机实现枪形摄像机的动态检测报警录像，并联动声光报警器报警。

【接线说明】

1. 视频线的 BNC 接头制作

BNC 接头有压接式、组装式和焊接式，制作压接式 BNC 接头需要专用卡线钳和电工刀。本操作以焊接式 BNC 接头为例。制作步骤如下：

（1）剥线。

同轴电缆由外向内分别为保护胶皮、金属屏蔽网线（接地屏蔽线）、乳白色透明绝缘层和芯线（信号线）。芯线由一根或几根铜线构成，金属屏蔽网线是由金属线编织的金属网，内外层导线之间用乳白色透明绝缘物填充，内外层导线保持同轴故称为同轴电缆。本实训中采用同轴电缆（SYV75-3-1）的芯线由单根铜线组成，如图 4-68 所示。

用小刀或者剪刀将 1 根 1 m 同轴电缆外层保护胶皮划开并剥去 1.0 cm 长的保护胶皮（不能割断金属屏蔽网的金属线），把裸露出来的金属屏蔽网理成一股金属线，再将芯线外的乳白色透明绝缘层剥去 0.4 cm 长，使芯线裸露。

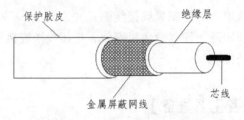

保护胶皮   绝缘层
金属屏蔽网线   芯线

图 4-68　同轴电缆结构图

（2）连接芯线。

BNC 接头由 BNC 本体（带芯线插针）、屏蔽金属套筒、尾巴组成，芯线插针用于连接同轴电缆芯线；一般情况下，芯线插针固定在 BNC 接头的本体中。

把屏蔽金属套筒和尾巴穿入同轴电缆中，将拧成一股的同轴电缆金属屏蔽网线穿过 BNC 本体固定块上的小孔，并使同轴电缆的芯线插入芯线插针尾部的小孔中，同时用电烙铁焊接芯线与芯线插针，焊接金属屏蔽网线与 BNC 本体固定块。

（3）压线。

使用电工钳将固定块卡紧同轴电缆，将屏蔽金属套筒旋紧 BNC 本体。重复上述方法在同轴电缆另一端制作 BNC 接头即制作完成。

（4）测试。

使用万用电表检查视频电缆两端 BNC 接头的屏蔽金属套筒与屏蔽金属套筒之间是否导通，芯线插针与芯线插针之间是否导通，若其中有一项不导通，则视频电缆断路，需重新制作。

使用万用电表检查视频电缆两端 BNC 接头的屏蔽金属套筒与芯线插针之间是否导通，若导通，则视频电缆短路，需重新制作。

2. 电源线和控制线连接

（1）电源连接。

高速球云台摄像机的电源为 AC 24 V，枪形摄像机、红外摄像机、一体化摄像机的电源为 DC 12 V，解码器、矩阵、硬盘录像机、监视器的电源为 AC 220 V。

（2）控制线连接。

高速球云台摄像机的云台控制线连接到硬盘录像机 RS485 的 A（＋）、B（－）。

解码器的控制线连接到矩阵的 PTZ 中的 A（＋）、B（－）。

3. 周边防范系统接线

红外对射探测器到电源输入连接到开关电源到 DC 12 V 输出；且其接收器到公共端 COM 连接到硬盘录像机报警接口的 Ground，常闭端 NC 连接到硬盘录像机报警接口的 ALARM IN 1。门磁的报警输出分别连接硬盘录像机报警接口的 Ground 和 ALARM IN 2。声光报警探测器的负极连接到开关电源的 GND,正极连接到硬盘录像机报警接口的 OUT1 的 C 端,且 OUT1 的 NO 端连接到开关电源 12 V。周边防范系统接线如图 4-69 所示。

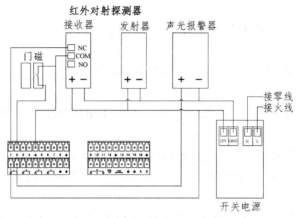

图 4-69　周边防范系统接线

【实训报告】

（1）画出视频监控系统接线图。

（2）在表 4-6 中列出所用监控设备清单及所需材料。

表 4-6　视频监控系统设备、材料清单

序号	名称	型号	数量	备注

（3）请写出小组成员及分工情况。

（4）分小组进行任务的实施。要求正确使用相关设备及工具,安全文明操作,现场工具设备摆放整齐,并请记录具体的实训过程。

（5）如发现问题,自己先分析查找故障原因,并进行记录。

（6）实训展示。

将实训结果进行展示。能用专业的语言对整个实训过程进行描述。

思考与练习题

一、填空题

1. 楼宇对讲系统的主要设备有室外主机、室内机、＿＿＿＿＿＿、＿＿＿＿＿＿和

_____等相关设备。

2. 线和接头连接时，先套上同型号的_____，用焊锡对接头进行焊接，焊接面要保持光滑。

3. 按探测器的警戒范围来分，可分为_____、_____、_____和_____。

4. 将入射的红外辐射信号转变成电信号输出的器件是_____探测器，是目前常用的探测器。

5. 云台内装两个电动机，一个负责_____方向的转动，另一个负责_____方向的转动。

6. 画面分割器可实现在一台监视器上同时连续地显示多个监控点的_____。

7. 摄像机安装的高度，室内宜距地面_____；室外应距地面_____，并不得低于 3.5 m。

8. 门禁控制器控制门开、闭的主要执行机构是各类电锁，包括_____、_____、_____和_____等，是门禁管理系统中锁门的执行部件。

二、简答题

1. 入侵报警系统组建模式有哪些？
2. 视频监控系统由哪几部分组成？每部分的主要设备有哪些？
3. 简述什么是安全防范技术。

第五章 建筑能耗监测系统

任务一 建筑能耗分析

一、建筑能耗分析

目前，能耗的使用主要有工业能耗、建筑能耗、交通能耗，根据住房和城乡建设部提供的数据，我国建筑能耗约占总能耗的 27% 以上，而且还在以每年 1 个百分点的速度增加。庞大的建筑能耗，已经成为国民经济的巨大负担，因此需要寻求新技术实现能源的充分利用和管理。建筑能耗监测系统以计算机、通信设备、测控单元为基本工具，为大型公共建筑的实时数据采集、开关状态监测及远程管理与控制提供了基础平台，它可以和检测、控制设备构成任意复杂的监控系统。

建筑能耗主要有照明插座用电、采暖空调用电、动力用电、特殊用电。大型建筑用电分布如图 5-1 所示。

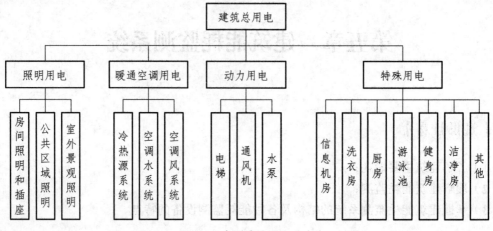

图 5-1　大型建筑用电分布

1. 照明用电分析

照明用电是建筑最为基本的电力需求，但是照明设备的运行不仅本身需要消耗电能，还会对建筑的空调能耗产生影响，这是因为照明设备在消耗电能时产生的热量会增加房间夏季的供冷能耗。照明能耗约占大楼总能耗的 30%，是建筑主要耗能之一。

2. 暖通空调用电分析

暖通空调的耗能情况与冷水机组的运行方式、空调机组的运行方式、空调设备技术参数设置、用户负荷使用模式等诸多因素有关。制冷机组出水温度设置过低，冷冻水泵和冷却水泵运行不合理，都会导致能耗的增加。

人们越来越重视建筑的办公和居住的舒适性问题，暖通空调获得大范围的应用，直接导致了建筑能耗的大幅度攀升，多方数据表明暖通空调能耗占建筑能耗的 50% ~ 60%。因此，通过暖通空调的监控，其降低能耗是实现楼宇自动控制节能的关键部分。

3. 动力用电分析

动力用电能耗设备主要指电梯设备、通风机设备和水泵设备，其能耗约占总能耗的 10%。电梯系统中最主要的耗能是电梯无效的空载运行或运行不合理，除此之外，照明通风系统损耗即便待机状态也是存在的，这部分能耗是白白浪费的。通风风机和水泵没有采用变频控制也会造成能耗过大。

二、能耗监测系统的主要特点

与配电监控等现有系统相比，能耗监测系统具有以下特点：

1. 清晰明确的分项计量

与配电监控系统偏重用电支路安全的使用目的相比，能耗监测系统侧重于各用能子系统的能源消耗状况。在能耗监测系统的建设过程中，对计量支路下属符合设备系统的调研和梳理往往是工作量最大的环节。如在商业综合体中，用能系统单元繁多，一次配电回路往往就多达三四百条，其下接负载设备更是数以千计，传统配电监控系统要完成设备系统的梳理非常不容易，因为工程管理和运行人员都很难准确说明每一条电支路连接的电负荷。

能耗监测系统在软件开发和项目实施过程中，增加了许多与计量对象相关的工作。大量的计量支路与下属负荷设备的关系信息，使最终的数据表达更加贴近用能系统单元的实际情况。

2. 统一的分项模型描述

每个建筑的形式、系统、功能等各不相同，其用能状况的表达形式也不尽相同，能耗监测系统仍能对不同建筑同一用能子系统的用能状况进行横向比较。

完成用能状况进行横向比较的思路是：定义某种大型公共建筑能耗数据标准模型，实现对大型公共建筑各种复杂用能系统的统一刻画；这种能耗数据模型应当是分层次的，以实现各个建筑各种用能系统在不同层次上的可比性；位于这种能耗数据模型底层的分项能耗，应当具有清晰、具体的定义，在实际操作中能将各种用能设备分别划分到底层分项能耗的范畴。位于该能耗数据模型上层的分项能耗，多是由底层的分项能耗合并构成的，通过这样的层级关系，可以实现不同建筑内功能相同但形式差别较大的用能系统或设备上层分项能耗的可比性。

通过这样的设定，各个建筑物在用能系统或设备上的差异总能在统一的能耗数据模型中找到某个层次上的可比性，在统一的平台上解决了横向比较与分析要求的"统一性"与实际建筑用能状况"特殊性"之间的矛盾，实现了统一平台上的节能管理。

3. 实时数据采集

在传统的配电监控系统中，能源参数信息的采集步长设定往往是以每天或每周计。这是因为该类系统主要处理的是总量统计工作，侧重于完成日度、月度能源财务报表。而在能耗监测系统中，除了每日或每周对各用能设备子系统进行能耗统计外，其必不可少的工作还包括采集并分析各用能系统的运行规律、变化趋势进而找到管理节能或改造节能的手段。因此以每天或每周为步长的数据就远远不能满足要求了。根据香农定理，采样的频率要大于信号频率的两倍，也就是说数据采集的频率要达到能耗数据变化频率的两倍。而在建筑中受电表分辨率的影响，一般一个支路的能耗变化频率为 20 ~ 30 min/次，因此能耗监测系统能耗数据的采集频率应不低于 10 min/次。这样高密度的数据采集比原有的人工记录方法增加了近百倍的信息量，好像一个放大镜，可将任何细微的能耗拐点都清晰呈现。

4. 长期数据储存、维护以及管理

能耗监测系统常常要分析比较几个月甚至几年的能耗数据变化。因此，长期数据的存储、维护以及管理在系统中就尤为重要。尽管目前数据采集、传输及存储技术已相对成熟，但在实际应用过程中，仍需解决一系列的技术问题和管理问题。

首先，商业建筑的用能设备以及租户（即用能单元的运行管理主体）经常会发生变化，而本着计量对象清晰明确的原则，随着这些计量对象的变化，能耗监测系统的配置与定义也应随之调整；其次，在大型公共建筑中，配电系统为使其供电可靠或为使变压器负载均衡，

多采用双路或多路供电，在实际运行过程中有时就需要根据负荷与电源状况，进行倒闸操作，改变配电电路的连接关系，即计量对象与计量设备之间的连接关系发生变化，如果不能及时跟踪和反应这一工况转换，就可能使计量结果出现异常，所记录数据失去价值。因此，必须根据这些现象对管理系统进行相应的调整。此外，因为检修、更换、意外故障等原因，能耗数据会在某一时间段产生丢失和错误，这就需要根据一定的算法对这些丢失或错误的数据进行科学合理的修复和校正，避免形成错误信息，误导节能管理和节能诊断工作。

综上所述，为了确保长期数据的储存、维护和管理工作顺利进行，能耗监测系统中的数据修复、补漏、断点续传等功能具有十分重要的意义。

5. 能源利用角度的数据分析

与配电监控系统注重状态监控的用户界面不同，能耗监测系统的用户界面多以数据分析及数据挖掘为主。因此，能耗监测系统更多的是通过柱状图、曲线图、对比图、饼图、堆积图等数据图表，通过分析日、周、月、年不同时间步长的能耗变化趋势，分析比较各用能单元的能耗差别，研究挖掘各设备子系统的能耗比例等。

三、智能建筑节能措施

建筑能耗监测系统可以根据预先编排的时间程序对电力、照明、空调等设备进行最优化的管理，从而达到节能的目的。在工程中，通常采用如下节能措施：

1）定时法

根据大楼工作作息时间按时启停控制设备，如风机、照明等。

2）调节供水温度

根据室内外实际温度调节空调系统的供水温度，设定合适的供水温度，减少系统主机的过度运行，实现节能。

3）经济运行法

在室外温度达到 13 ℃ 时，可直接将室外新风作为回风；在室外温度达到 24 ℃ 时，可直接将室外新风送入室内。在这样的情况下，系统可节约对送回风系统进行处理的能源。

4）温度-时间延滞法

根据大楼内温度保持的延滞时间，提前关闭空调主机或锅炉以达到节能的目的。

5）设备等寿命运行

对楼内冷热源主机、泵机、风机等设备进行等时间交替运行，以延长设备的运行寿命，节省维护费用。

任务二　建筑能耗监测系统

【任务描述】

（1）了解建筑能耗监测系统的功能；
（2）掌握建筑能耗监测系统的结构及各种能耗监测设备的特点。

【相关知识】

一、建筑能耗监测系统结构

　　智能建筑能耗监测系统是通过对公共建筑安装分类和分项能耗计量装置，采用远程传输等手段及时采集能耗数据，实现重点建筑能耗的在线监测和动态分析功能。利用计算机技术、传感器技术、数据库技术、现代网络技术，对建筑的能耗数据进行采集、汇总、传输、分析，向相关部门提供建筑能耗情况，并作为决策依据。智能建筑能耗监测系统由计量表具、能耗采集器、通信网络、软硬件系统组成。建筑能耗监测系统主要采用分层分布式计算机网络结构，一般分为三层：站控管理层、网络通信层和现场设备层，其结构如图 5-2 所示。

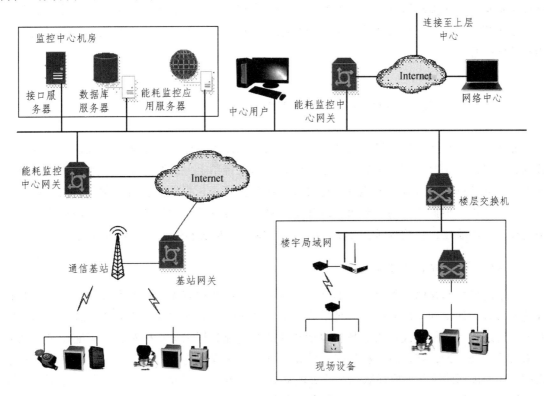

图 5-2　建筑能耗监测系统

1. 监控中心层

站控管理层针对能耗监测系统的管理人员，是人机交互的直接窗口，也是系统的最上层部分，为整个系统的大脑。它主要由系统软件和必要的硬件设备（如工业级计算机、打印机、UPS 电源等）组成。监测系统软件具有良好的人机交互界面，对采集的现场各类数据信息计算、分析与处理，并以图形、数显、声音等方式反映现场的运行状况。

监控主机：用于数据采集、处理和数据转发。为系统内或外部提供数据接口，进行系统管理、维护和分析工作。

打印机：系统召唤打印或自动打印图形、报表等。

模拟屏：系统通过通信方式与智能模拟屏进行数据交换，形象显示整个系统运行状况。

UPS 电源：保证计算机监测系统的正常供电，在整个系统发生供电问题时，保证站控管理层设备的正常运行。

2. 网络通信层

作为监测系统数据传输中介的网络通信层，其主要工作是通过现场控制网络（有线局域网或无线 GPRS 网络）将终端采集到的能耗数据，上传至数据中心的采集服务器。采集服务器在接收到上传的实时数据后对其进行处理，并同时将它们存储到数据库中。

3. 现场设备层

现场设备层包括在现场安装的计量设备和智能网关两部分。其中，具有标准化接口的计量设备负责对建筑能耗数据进行实时采集，能耗数据由电能表、水表、燃气表、冷（热）量表等采集相应耗能量。而智能网关的任务是把来自计量设备的数据进行采集，并通过网络上传至数据中心。

二、能耗监测系统功能

能耗监测系统通过现场设备层各种智能仪表、谐波表、电表、水表、环境监测表等采集数据，各参量可实时或定时采集，采集到的数据将上传给上一级数据中心。监控中心层通过数据中心的数据对建筑进行电能分项计量和能耗分析管理，根据需要可绘制实时曲线和历史趋势曲线分析。根据建筑的需要可实现建筑信息、系统管理参数配置、日志与用户管理、设备监控、环境监控、能耗指标、分项能耗、支路能耗、报表制作、数据处理等功能。

1. 数据采集功能和存储

数据的采集和存储是整个系统的基础，没有大量的数据就无法进行有效的分析，没有有效的分析就无法得到正确的能源管理措施。能耗数据采集方式包括人工采集方式和自动采集方式。通过人工采集方式采集的数据包括建筑基本情况数据采集指标和其他不能通过自动方式采集的能耗数据，如建筑消耗的煤、液化石油、人工煤气等能耗量。通过自动采集方式采集的数据（包括建筑分项能耗数据和分类能耗数据），由自动计量装置实时采集。数据通过网络通信层的数据网关进行采集，能耗数据的采集频率为 15 ~ 60 min/次，数据采集频率可根据具体需要灵活设置，要求采集到的能耗数据存储在数据库。数据内容主要包括建筑物环境参数、设备运行状态参数、各设备能耗数据等。获取的参数越多、运行的周期越长，越容易得到准确的结论。但若参数过多，又会造成建设成本的大量增加，因此可根据各建筑物的具体情况把数据分为系统运行所必须的基础数据和辅助数据（可选数据），在管理效果和建设成本间取得平衡。图 5-3 所示为数据采集。

图 5-3　数据采集

2. 能耗数据分析

系统在完成数据存储的同时，将建筑能耗进行分类分析，该部分功能符合 JGJT 285—2014 标准的定义，即将建筑能耗分类为以下六类：耗电量、耗水量、耗气量（天然气量或者煤气量）、集中供热耗热量、集中供冷耗冷量、其他能源应用量（如集中热水供应量、煤、油、可再生能源等）。系统根据需要存储管理系统操作事件记录、监测报告警事记录、数据采集记录，此外，还可以统计建筑或片区能耗的时用量、日用量和年用量，以曲线图、柱状图等不同方式显示，支持报表输出。图 5-4 所示为用能趋势。

3. 能源管理报表及图形趋势

能源管理报表是用表格和图片的形式体现建筑物的能源使用情况、设备能耗、设备运行效率、能耗历史曲线等，以适应不同人群的需求。能耗监测系统提供 Web 服务，获得授权许可的远程用户能通过浏览器了解建筑物的能源使用状况。

能耗监测系统针对历史数据进行图形趋势分析，能更直观地体现数据的变化趋势，其中包括小时曲线、日报曲线、月报曲线、年报曲线，并能实现直接打印，能够对曲线图形进行切换，显示不同类型的图形。例如，饼图、柱状图（普通柱状图以及堆栈柱状图）、线图、区域图、分布图、混合图、甘特图、仪表盘或动画等。

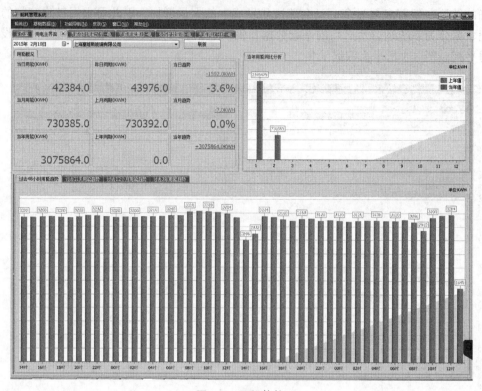

图 5-4   用能趋势

4. 报警功能

建筑能耗在线监测系统报警功能划分为 2 个级别：初级报警和高级报警。它能对每一监测的参数进行初级报警设置和高级报警设置，掉电参数和记录都能自动保存，也可以根据需求将报警记录上传至服务器。报警过程分为 2 个过程：报警触发过程和报警恢复过程。

报警类型包括模拟量报警、事件报警、重大变化连续重复报警、硬件设备报警等。可以根据需要自定义各种报警，报警信息可以通过不同方式传送至用户。主要报警功能有：

① 设备报警：重要能耗设备的运行状态异常报警。

② 电源故障报警：设备电源故障、UPS 断电报警。

③ 网络通信报警：设备通信及网络故障等异常报警。

④ 报警级别设定：基于事件的报警、报警分组管理、报警优先级管理。

⑤ 报警和事件输出方式：报警窗口、声、光、电、短信、文件、打印等。

三、抄表方案

1. Modbus485 集抄方案

"采集器管理终端"采用专用的 RS-485 芯片，可以管理 32 块用户表。"集中器"采用专用的 RS485 芯片，理论带载 128 个点，实际可以可靠带动 64 个 485 个节点。

1）Modbus485 集抄方案的优点

（1）通信稳定可靠，单次抄通率达到 99% 以上，通信效果最好；

（2）施工简单，只需要铺设很少量的通信线路，户外及长距离时采用已有的以太网传输，避免了施工时对已有建筑、绿地等的破坏；

（3）通信距离小于 1.2 km，但通过中继可以大大提高通信距离。

2）Modbus485 集抄方案的缺点

（1）需要架设专用的双绞屏蔽线作为通信载体；

（2）占用网络资源；

（3）安装盒的维护成本高。

Modbus485 集抄方案适用场合表计集中、方便布线、管理好的新建小区（如有强、弱电井的高层楼房），对数据的实时性要求很高。

2. 载波集抄表方案

电力线载波，分为中高压载波和低压载波，是以电力线为介质，将信息调制为高频信号后，耦合在电力线进行传输的一种技术。前者的应用方式包括两种：全载波和半载波。全载波指载波通信技术完全实现了集中器与电表间的通信，而半载波指除了利用载波通信技术外，还要利用 RS-485 通信技术。

1）载波集抄表的优点

（1）施工简单，利用现有低压电力线，不需要敷设其他线路；

（2）上行通道投资低，一般情况下一个台区一台集中器即可。

2）载波集抄表的缺点

（1）通信实时性相对较差；

（2）通信技术要求较高；

（3）传输不稳定，受现场环境、线路远近、电力负荷等因素影响较大。

载波集抄表适用的场合：居民集中、线路较近、无大工业用电干扰、上行网络通道不易建设等情况下的居民小区，月用电量少、电表特别分散、工程施工难度很大的乡镇、农村地区。

3. 无线集抄方案

无线集抄方案是利用无线自组网传输数据，智能电表通过通信模块与集中器进行无线通信，集中器通过运营商提供的无线网络与服务器连通。

1）无线集抄的优点

（1）施工简单，电表、集中器均采用无线通信，各管理终端通过校园网与服务器连接，整个系统不需要任何通信布线；

（2）即安即用，组网过程自动完成，现场无须人工设置参数；

（3）通信稳定性高、通信速度快。

2）无线集抄的缺点

（1）建设成本较高，后期需要数据流量包月费用；

（2）后期有一定网络维护量。

无线通信适用场合：无线通信可以在所有移动信号覆盖的地区使用，适合分散安装的大用户或者采集器。

四、能耗监测系统设备

1. 能耗数据采集器

能耗数据采集器是一种采用嵌入式微计算机系统的建筑能耗数据采集专用装置，具有数据采集、数据处理、数据存储、数据传输以及现场设备运行状态监控和故障诊断等功能。采集的指标为电量、水量、燃气量（天然气量或煤气量）、集中供热耗热量、集中供冷耗冷量、其他能源应用量（如集中热水供应量，煤、油、可再生能源等）。能耗数据采集器如图 5-5 所示。

图 5-5　能耗数据采集器

能耗数据采集器是满足建筑行业能耗监测采集标准和要求的特殊通信采集基站，所以也应该满足通信采集基站的要求：第一，现场测控信号的采集除了有标准的工业模拟信号和开关信号外，还应该有多样的数字接口（如 RS-232，RS-485，CAN，MBUS 等）完成数字化信号的采集；第二，与远程监控中心有多样的数据通信方式（如以太网，CDMA，GPRS，ADSL，宽带，光纤，PTSN 等）；第三，与下一级的本地短矩离有多样的通信设备通信（比如与下一级的 ZigBee 测控节点设备通信，或是通过本地工业以太网与下一级通信设备通信），将下一级的测控点采集到的数据集中到一个设备中，再通过远程通信网络将数据发送到监控中心，同时接收监控中心的指令，并转发给下一级本地通信设备。能耗数据采集器与数字仪表的连接如图 5-6 所示。

2. 智能电表

智能电表不是传统意义上的电能表，智能电表除了具备传统电能表基本用电量的计量功能以外，为了适应智能电网和新能源的使用，它还具有双向多种费率计量功能、用户端控制功能、多种数据传输模式的双向数据通信功能、防窃电功能等智能化的功能。DDZY178 系列单相费控智能电能表如图 5-7 所示。DTZ1218 三相四线智能电能表如图 5-8 所示。

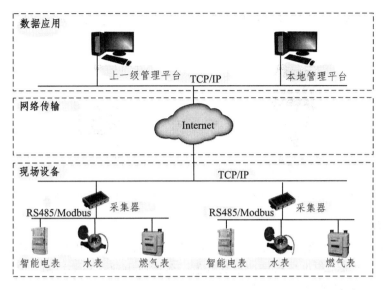

图 5-6　能耗数据采集器与数字仪表的连接

图 5-7　DDZY178 系列单相费控智能电能　　　图 5-8　DTZ1218 三相四线智能电能

　　智能电表是在传统计量电表的基础上增加了计算机芯片，通过电量采集和运算，将处理后的数据通过网络接口进行上传。它可以实现对三相电压、三相电流、有功功率、有功电量、功率因数等电量参数的测量，并支持 RS-485 通信方式和 Modbus-RTU 通信规约。

3. 计量插座

　　计量插座又称插座式电表，一般为液晶显示，将用电器插到插座上就可显示用电器的电压、电流、功率、电量等参数，能够让用户知道电器的耗电情况，能及时发现电器异常，避免不正常耗电。

1）转接式计量插座

　　转接式计量插座自带插头和插孔，可直接插在现有电源插座上，从中间起到一个转接的作用，实现电能的转换，由此获得对用电负荷的计量管理。其特点是使用方便灵活，可随身携带，有按键可自由操作，另外还可附加功能，如定时开关。转接式计量插座如图 5-9 所示。

2）面板式计量插座

　　面板式计量插座即墙壁插座，可直接替代普通 86 面板式墙壁插座，直接安装到墙上，可用于家庭装修，尤其适用于企事业单位用电节电管理系统，用电指标监控使用，其电量不可手动清零，避免人为修改，更有通信功能可组成自动抄收管理系统，通过计算机软件汇总数据分析，找到电费消耗大户，并进行类比分析，外形美观、使用方便。面板式计量插座如图 5-10 所示。

图 5-9 转接式计量插座   图 5-10 面板式计量插座

3）计量插排

计量插排由许多组单相电源插座组成，具有测量并显示单相电压、电流、有功功率、有功电量的 LED 显示屏，停电后保留停电累计值，各插座由独立开关控制，电压信号供电，不需要辅助电源。计量插排如图 5-11 所示。

图 5-11 计量插排

4. 智能水表

智能水表是一种利用现代微电子技术、现代传感技术、智能 IC 卡技术对用水量进行计量并进行用水数据传递及结算交易的新型水表。智能水表除了可对用水量进行记录和电子显示外，还可以按照约定对用水量进行控制。

1）预付费 IC 卡智能水表

预付费 IC 卡智能水表是一种利用现代微电子技术、现代传感技术、智能 IC 卡技术对用水量进行计量并进行用水数据传递及结算交易的新型水表。其工作过程一般如下：将含有金额的 IC 卡片插入水表中的 IC 卡读写器，经微机模块识别和下载金额后，阀门开启，用户可以正常用水。用户用水时，水量采集装置开始对用水量进行采集，并转换成所需的电子信号供给微机模块进行计量，并在 LCD 显示模块上显示出来。当表内剩余水量不断减少，待水量减到预设的报警水量时，水表将关阀报警，当水量减到设定的关阀水量时，水量将关阀断水，此时，用户需再次存入水量，才能再次用水。预付费 IC 卡智能水表如图 5-12 所示。

图 5-12 预付费 IC 卡智能水表

预付费 IC 卡智能水表的优点：

（1）可有效解决水费拖欠问题；

（2）此种水表长度可与普通水表一致，在老户改造时，普通水表换成此类水表非常方便。

预付费 IC 卡智能水表的缺点：

（1）由于此类水表不联网，无法实时抄表；

（2）当无法正常计量或阀门失控等故障时，不能及时发现。

2）远传智能水表

远传智能水表是普通机械水表加上电子采集发讯模块而组成，电子模块完成信号采集、数据处理、存储并将数据通过通信线路上传给中继器或手持式抄表器。它可以实时地将用户用水量记录并保存，或者直接读取当前累计数，每块水表都有唯一的代码，当智能水表接收到抄表指令后可即时将水表数据上传给管理系统。远传集抄表水表分为有线远传和无线远传，无线远传水表是在有线远传水表基础上加装了无线收发模块，采用定时双向传输技术，将仪表数据收集到无线采集器。有线远传智能水表如图 5-13 所示，无线远传智能水表如图 5-14 所示。

图 5-13　有线远传智能水表　　　图 5-14　无线远传智能水表

远传智能水表的优点：

（1）远传智能水表联网后可以实时了解水表的工作状态，及时发现水表故障并进行维护；

（2）远传智能水表只有当用户欠费时才可能进行关阀操作，而且关阀动作并非表本身自动执行的，是通过后台软件下达关阀指令的，避免了非正常关阀；

（3）实现了集中抄表管理，大大减轻了抄表人员的劳动强度，减少了抄表工作的人力、物力；

（4）适用范围广，不仅对小口径（DN15～25）的用水户，而且对大口径（DN80～200）的用水户也可实现远传抄表管理。

远传智能水表的缺点：

（1）可靠性差，当连接于系统中的某一只或一只以上的有线远传水表发生故障时，就会影响系统的正常工作，采集器或集中器以下的水表全部无法读取数据；

（2）需要支付额外的通信费用，数据信息通过电话网、电台、网络技术等方式传输，需长期占用频点；

（3）成本较高。

5. 智能燃气表

智能燃气表可以实现数据采集、传输、控制等功能。智能燃气表的种类很多，主要有 IC

卡智能燃气表、远传智能燃气表、物联网远传智能燃气。

1）IC 卡智能燃气表

这种燃气表的特点就是先购买，后用气，一户一表一卡，目前国内用的最普通的就是这种插卡式 IC 卡燃气表，技术成熟，故障率低。IC 卡智能燃气表如图 5-15 所示。

图 5-15   IC 卡智能燃气表

2）远传智能燃气表

远传智能燃气表具有基表数据读取和远传功能的燃气表，其基表数据读取采集是由数据传感器完成的，再利用无线或有线通信方式，实现基表读取数据与燃气公司收费管理系统中心的信息传输，从而实现对燃气表的远程抄表。在远传智能燃气表中又分为有线远传表、无线远传表两种类型。有线远传智能燃气表如图 5-16 所示，无线远传智能燃气表如图 5-17 所示。

图 5-16   有线远传智能燃气表

图 5-17   无线远传智能燃气表

3）物联网远传智能燃气

物联网燃气表解决方案是通过一种基于移动蜂窝通信网络，通过在传统的燃气表或 IC 卡控制器基础上加装物联网电子控制器，借助于移动通信公网，通过燃气公司通信网关直接与燃气公司的收费抄表管理系统进行数据交互，实现数据远传及控制的燃气计量系统。物联网远传智能燃气表如图 5-18 所示。

图 5-18   物联网远传智能燃气

任务三　建筑能耗监测系统施工

【任务描述】

（1）了解建筑能耗监测系统调试的流程；

（2）掌握管线施工、设备安装的规定；

（3）掌握建筑能耗监测系统。

【相关知识】

一、管线施工

桥架和管线的施工应符合现行国家标准 GB 50606《智能建筑工程施工规范》的有关规定。线管施工应注意以下事项：

（1）电力线缆和信号线缆不得在同一线管内敷设。

（2）电线、电缆的线路两端标记应清晰，编号应准确。

（3）能耗计量装置与能耗数据采集器之间的连接线规格应符合设计要求。

（4）安装设备对系统所有线路进行全面检查，避免断线、短路或绝缘损坏现象。

（5）端接完毕后，应对连接的正确性进行检查，绑扎导线束应整齐。设备端管线接头安装应符合现行国家标准 GB 50303《建筑电气工程施工质量验收规范》的有关规定。

二、设备安装

（一）安装要求

在 JGJT 285《公共建筑能耗远程监测系统技术规程》中对能耗计量装置与能耗数据采集器的安装和能耗数据中心的施工提出了安装要求。

1. 能耗计量装置与能耗数据采集器的安装

能耗计量装置与能耗数据采集器的安装一般要求：

（1）能耗计量装置与能耗数据采集器安装前应对型号、规格、尺寸、数量、性能参数进行检验，并应符合设计要求。

（2）能耗计量装置的施工应符合现行国家标准 GB 50093《自动化仪表工程施工及质量验收规范》的有关规定。

（3）能耗数据采集器应安装在安全、便于管理与维护的位置。能耗计量装置与能耗数据采集器之间的有线连接长度不宜大于 200 m。

2.能耗数据中心的施工

能耗数据中心的施工应包括部署和配置计算机、网络硬件、基础软件和应用软件，设置运行环境和参数。施工后应确认软件运行正常。

能耗数据中心机房的施工应符合现行国家标准 GB 50174《电子信息系统机房设计规范》和 GB 50462《电子信息系统机房施工及验收规范》的有关规定。

（二）典型设备安装

1.智能电表

1）智能电表安装规定

（1）智能电表配备表箱且安装端正、牢固，必要时加装垫块，垫块安装应端正、牢固。

（2）智能电表应安装于表箱视窗正中位置。

（3）接入表尾线时固定螺栓须压接紧固，固定螺栓不得压在表尾线的绝缘皮上，且表尾线不得裸露铜线。

2）外形及安装尺寸图

外形尺寸：290 mm×170 mm×85 mm，安装尺寸：240（256）mm×150 mm。智能电表的外形及安装尺寸如图 5-19 所示。

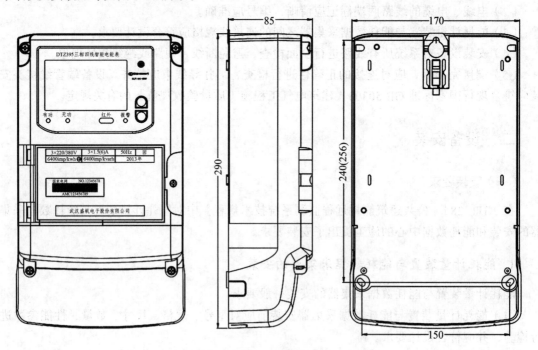

图 5-19　智能电表的外形及安装尺寸

3）接线图

智能电表接线如图 5-20 所示。

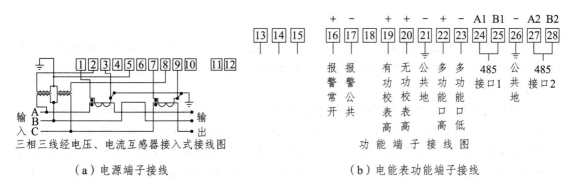

| （a）电源端子接线 | （b）电能表功能端子接线 |

图 5-20　智能电表接线图

2. 面板式计量插座

1）插座安装规定

智能化插座属于新兴的电气部件，国内至今尚无明确的标准规范及定义。当前市场上在售的产品较少，智能化插座主要可分为可编程（PLC）自动控制安全节能转换器和多重电路保护两大类。

插座的安装应符合设计的规定，当设计无规定时，应符合下列要求：

（1）暗装和工业用插座距地面不应低于 0.3 m，特殊场所暗装插座不应小于 0.15 m。在儿童活动场所应采用安全插座。采用普通插座时，其安装高度不应低于 1.8 m。

（2）为了避免交流电源对电视信号的干扰，电视馈线线管、插座与交流电源线管、插座之间应有 0.5 m 以上的距离。

（3）落地插座应具有牢固可靠的保护盖板。

（4）在潮湿场所，应采用密封良好的防水、防溅插座。在有易燃、易爆气体及粉尘的场所应装设专用插座。

2）插座安装

智能插座强电接线方式（如相线、零线、地线）和传统插座的接线方式一样；智能插座只有一个通信总线接口 COM（8P8C），将水晶头插入通信总线接口 COM 即可。智能插座安装接线原理如图 5-21 所示。

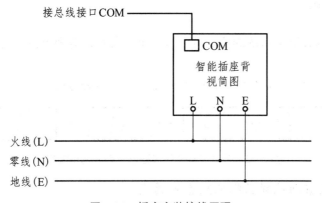

图 5-21　插座安装接线原理

（1）暗装。

按接线要求，将盒内甩出的导线与插座的面板连接好，将插座推入盒内，对正盒眼，用机螺丝固定牢固。固定时要使面板端正，并与墙面平齐。面板安装孔上有装饰帽的应一并装好。

（2）明装。

先将从盒内甩出的导线由塑料台的出线孔中穿出，再将塑料台紧贴于墙面，用螺丝固定在盒子或木砖上。如果是明配线，木台上的隐线槽应先顺对导线方向，再用螺丝固定牢固。塑料台固定后，将甩出的相线、地（零）线按各自的位置从插座的线孔中穿出，按接线要求将导线压牢。然后将插座贴于塑料上，对中找正，用木螺丝固定牢固。最后再把插座的盖板上好。

3. 智能水表安装

智能水表的安装方式分为立式水表和卧式水表两种，卧式安装需要水表平放，以表面呈现水平状为准，不能歪斜。立式安装应保证水表的垂直性，不能出现歪、斜、扭等现象，否则会影响到水表的计量，造成计量出现偏差等情况。

智能水表安装技术要领有以下几点：

（1）选用智能水表规格应以常用流量为宜，不能单凭管道口径来确定水表的口径，智能水表使用时被测水的环境水温和水压应符合技术参数要求。

（2）在安装智能水表时，应注意水表下游管道出水口高于水表 0.5 m 以上，以防水表因管道内水流不足而引发计量不正确。

（3）智能水表上下游要安装必要的直管段或其等效的整流器，要求上游直管段的长度不小于 $10D$，下游直管段的长度不小于 $5D$（D 为水表公称口径）。对于由弯管或离心泵所引起的涡流现象，必须在直管段前加装整流器。

（4）在智能水表的上下游应安装阀门，使用时应确保全部打开。

（5）水平安装，表面朝上，表壳上箭头方向与水流方向相同。智能水表的安装位置应避免曝晒、水淹、冰冻和污染，方便拆装、抄表。新装管道务必把管道内的砂石、麻丝等杂物冲洗干净后再装水表，以免造成水表故障。

三、系统调试

公共建筑能耗远程监测系统的调试应由施工单位负责，监理单位、设计单位与建设单位共同配合完成。

公共建筑能耗远程监测系统调试宜按图 5-22 所示的流程进行。

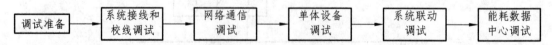

图 5-22　公共建筑能耗远程监测系统调试流程

1. 能耗计量装置与能耗数据采集器的调试

调试能耗计量装置的直读数据与通信数据，确保数值一致。在能耗数据采集器中，配置能耗计量装置监测点参数，设置通信端口、波特率和校验位等信息，并应测试监测点值与相关能耗计量装置的直读数据的一致性。

测试能耗计量装置与能耗数据采集器之间的通信，并应符合下列规定：

（1）应按现行行业标准 DL/T 645《多功能电能表通信协议》的有关要求，通过能耗数据采集器按通信地址测量能耗计量装置正常通信情况。

（2）应按现行国家标准 GB/T 19582《基于 Modbus 协议的工业自动化网络规范》的有关要求，通过能耗数据采集器按能耗计量装置的地址测试正常通信情况。

（3）应按现行行业标准 GB/T 188《户用计量仪表数据传输技术条件》和 CJ 128《热量表》的有关规定，通过能耗数据采集器按能耗计量装置的地址测试正常通信情况。

2. 能耗数据采集器与能耗数据中心的调试

能耗数据采集器与能耗数据中心的调试应符合下列规定：

（1）应按现场分配的 IP 地址、网关及 DNS，测试所分配 IP 地址与互联网的网络通信连接、网络带宽和网络延时，保证网络通畅、稳定。

（2）应设置能耗数据采集器的现场 IP 地址、网关及 DNS 和能耗数据中心的 IP 地址、端口，测试能耗数据采集器与能耗数据中心服务器的数据正常传输情况。

3. 能耗数据中心网络和硬件的调试

能耗数据中心网络和硬件的调试应符合下列规定：

（1）应对局域网内计算机及路由器的 IP 地址进行规划，包括 IP 地址分段、子网掩码、网关和 CANS 的设定。

（2）应设定能耗数据中心的通信服务器、处理服务器、展示服务器和数据库服务器的固定 IP 地址。

（3）服务器、网络性能应符合设计要求。

（4）应设定防火墙策略，并可设置 DMZ 安全区，数据展示服务器、数据通信服务器可连接互联网。

（5）应架设防病毒的主服务器，并应安装防病毒客户端并保证病毒库的持续更新。

4. 能耗远程监测系统应用软件的调试

能耗远程监测系统应用软件的调试应符合下列规定：

（1）应登录网站查看能耗远程监测系统应用软件的显示功能情况。

（2）能耗远程监测系统应用软件的数据采集、处理及发布功能应正常，并应验证数据处理的正确性。

（3）能耗远程监测系统应用软件各项性能应满足设计要求。

5. 能耗远程监测系统联动调试

能耗远程监测系统联动调试应符合下列规定：

（1）能耗远程监测系统的能耗计量装置、能耗数据采集器、服务器、交换机、存储设备等设备之间的网络连接应正确无误，并应符合设计和产品说明书要求。

（2）网络上各节点通信接口的通信协议、数据传输格式、传输频率、校验方式、地址设置应符合设计和产品说明书要求并应正确无误。

（3）应对通信过程中发送和接收数据的准确性、及时性、可靠性进行验证，并应符合设计要求。

四、系统检查和验收

（一）系统检查

1. 能耗计量装置的检查

能耗计量装置的检查应符合下列规定：

（1）能耗计量装置的安装与标识应与设计相符。

（2）能耗计量装置的接线应连接正确，RS-485 通信屏蔽线应接地，接线端子标识应清晰。

（3）需要供电的能耗计量装置应接通电源检查。

（4）应逐点核对能耗计量装置地址、传输协议，并确认无误。

（5）应对能耗计量装置进行检测：单相电能表按每栋建筑抽检 20%，且数量不得少于 20点，数量少于 20 点时应全部检测；三相多功能电能表、冷/热表、水表等能耗计量装置应全部检测，被检参数合格率应为 100%。

2. 能耗数据采集器的检查

能耗数据采集器的检查应符合下列规定：

（1）能耗数据采集器的安装与标识应与设计相符。

（2）通信线与能耗数据采集器的通信端口连接应正确。

（3）能耗数据采集器的 IP 地址、网关应与现场所分配 IP 地址、网关一致。

3. 能耗数据采集系统的检查

能耗数据采集系统的检查应符合下列规定：

（1）能耗数据采集器采集的数据和能耗计量装置的读数应准确、真实和稳定。

（2）数据传输、采集数据发送频率应符合设计要求。

（3）能耗数据采集器的上传数据应正常、稳定，通过大数审核，并应符合设计要求。

（4）能耗数据采集器的接收和数据打包后的发送应正常，并应符合设计要求。

（5）数据的分类、格式和编码应符合设计要求。

4. 能耗数据中心的检查

能耗数据中心的检查应包括机房检查、硬件检查、软件检查、能耗数据检查和运行维护制度检查，并应符合下列规定：

（1）机房检查应符合现行国家标准 GB 50462《电子信息系统机房施工及验收规范》的有关规定。

（2）硬件检查应根据硬件配置清单，逐项检查硬件的型号、配置、数量、售后服务等情况。

（3）软件检查应检查基础软件的配置、性能。能耗远程监测系统应用软件应能够对能耗数据进行处理、分析、展示和发布，并反馈能耗异常情况。

（4）能耗数据检查应检查能耗数据中心采集能耗数据的准确性、真实性和稳定性。

（5）运行维护制度检查应检查能耗数据中心运行维护制度是否健全。

（二）系统验收

建筑能耗监测系统的验收工作应在完成设备和管线安装、系统调试与检查、系统试运行后进行，要求试运行的正常连续投运时间不应少于 3 个月。

能耗数据中心的软硬件应符合设计要求，能耗远程监测系统应用软件应通过国家第三方测试机构评审。

1. 质量控制资料

建筑能耗监测系统的质量控制资料应完整，并应包括下列内容：

（1）施工现场质量管理检验记录。

（2）设备材料进场检验记录。

（3）隐蔽工程验收记录。

（4）工程安装质量及观感质量验收记录。

（5）系统试运行记录。

（6）设计变更审核记录。

2. 竣工验收文件资料

建筑能耗监测系统的竣工验收文件资料应完整，并应包括下列内容：

（1）工程合同技术文件。

（2）竣工图纸。

（3）系统设备产品说明书。

（4）系统技术、操作和维护手册。

（5）设备及系统测试记录。

（6）其他文件。

任务四　建筑能耗监测系统实训

【实训目的】

（1）理解能耗监测系统的功能及组成；

（2）掌握能耗监测系统设计标准和依据；

（3）能够进行能耗监测系统方案设计和设备选型。

【设计要求】

图 5-23 所示为实训室平面布局图，结合平面图完成能耗监测系统的方案设计、产品选型。系统功能要求如下：

（1）在线监测功能（能耗数据采集、机电设备参数采集）。

（2）数据管理功能（能耗报表、能耗分析）。

（3）信息发布功能（网络信息接收、网络信息发布、手机短信、邮件）。

（4）综合管理功能（设备设施管理、建筑信息管理、能耗指标管理、用户权限管理）。

（5）数据上传功能（数据提取、加密，数据上报）。

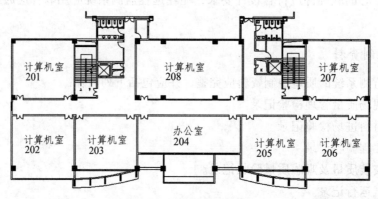

图 5-23 实训室平面布局图

【实训任务】

（1）收集资讯

① 建筑能耗监测系统分项能耗数据采集、传输技术导则。

② 建筑能耗监测系统楼宇分项计量设计安装技术导则。

③ 建筑能耗监测系统数据中心建设与维护技术导则。

④ 建筑能耗监测系统建设、验收与运行管理规范。

⑤ 其他技术资料、参考文献、技术图纸等专项文件。

（2）能耗监测系统设计内容。

能耗监测系统监控中心（设在 204 办公室）内设备的配置与选型；计算机机房配置数字式电表（动力、照明用电监测）。结合设计要求在按照表 5-1 所示的能耗监测系统设备清单格式要求填写所需设备的规格、数量和安装位置。

表 5-1 能耗监测系统设备清单

序号	名称	型号、规格	数量	安装位置
1	监控计算机			
2	通信转换器			
3	UPS			
4	数据采集器			

续表

序号	名称	型号、规格	数量	安装位置
5	三相数字式电表			
6	单相数字式电表			
7	单相电源计量插座			

（3）绘制能耗监测系统结构图。

【实训报告】

（1）绘制能耗监测系统结构图。

（2）将能耗监测系统所用设备清单填入能耗监测系统设备清单表中，并说明监控设备布置位置。

（3）列出收集的技术导则、管理规范等资料。

（4）回答以下思考题：

① 能耗监测系统主要监测哪些参数？系统是如何组成的？

② 能耗采集卡与数字电表和数字水表之间如何进行通信连接？

（5）请写出小组成员及分工情况。

思考与练习题

一、填空题

1. 动力用电能耗设备主要指_____、_____和_____。

2. 建筑能耗监测系统主要采用分层分布式计算机网络结构，一般分为三层：_____、_____和_____。

3. 监测系统软件具有良好的人机交互界面，对采集的现场各类数据信息_____、_____与_____，并以图形、数显、声音等方式反映现场的运行状况。

4. 能耗监测系统通过_____的各种智能仪表、谐波表、电表、水表、环境监测表等采集数据。

5. 监控中心层通过数据中心的数据对建筑进行_____和_____，根据需要可绘制实时曲线和历史趋势曲线分析。

6. 能耗监测系统的抄表方案有_____、_____和_____。

7. 计量插座又称插座式电表，一般为液晶显示，将用电器插到插座上就可显示用电器的_____、_____、_____、电量等参数，

8. 远传智能水表是普通机械水表加上电子采集发讯模块而组成，电子模块完成_____、_____、存储并将数据通过通信线路上传给中继器或手持式抄表器。

9. 能耗数据采集器应安装在安全、便于管理与维护的位置。能耗计量装置与能耗数据采集器之间的有线连接长度不宜大于_____。

10. 对能耗计量装置进行检测，单相电能表按每栋建筑抽检_____，且数量不得少于 20 点，数量少于 20 点时应全部检测；三相多功能电能表、冷/热表、水表等能耗计量装置应_____检测，被检参数合格率应为 100%。

二、简答题

1. 建筑能耗主要体现在哪几个方面？
2. 建筑能耗监测系统通常采用什么节能措施？
3. 数据采集器具有什么功能？它有哪些具体应用？
4. 能耗数据采集系统的检查包括哪些内容？

第六章 综合布线系统

【知识目标】

（1）理解综合布线的特点；

（2）理解线缆、光缆施工敷设的一般要求；

（3）掌握综合布线的结构与综合布线系统的构成；

（4）掌握硬塑料管和钢管的敷设方法，掌握槽道安装要求与方法。

【能力目标】

（1）能进行水平子系统、直子系统暗/明敷缆线布线的施工；

（2）掌握线槽、线管、桥架的布线与施工；

（3）能进行 RJ-45 水晶头和网络跳线的制作、光纤的熔接施工。

建筑物综合布线系统的兴起与发展，是在计算机技术和通信技术发展的基础上，结合现代化智能建筑设计的需要，满足楼宇内信息社会化、多元化、全球化的需要，同时也是办公自动化发展的结果，是现代建筑技术与信息技术相结合的产物。

当今社会，一个现代化楼宇中，除了具有电话、传真等现代化通信手段，以及空调、消防、供电、照明等基本设备以外，还需要具备先进的计算机网络系统、先进的办公自动化设备、先进的自动监控系统等。计算机网络系统、电话传真系统、自动控制监控系统以及办公自动化系统等，构成了楼宇内复杂信息网络系统，架构这样复杂网络系统的基础就是综合布线系统。

任务一 综合布线系统概述

【任务描述】

（1）在学习、收集相关资料的基础上理解综合布线的特点；

（2）掌握综合布线的结构与综合布线系统的构成。

【相关知识】

综合布线是一个模块化、灵活性极高的建筑物内或建筑群之间的信息传输通道，是智能建筑的"信息高速公路"。它既能使语音、数据、图像设备和交换设备与其他信息管理系统彼此相连，也能使这些设备与外部通信网络相连。它包括建筑物内部和外部网络或电信线路的连线点以及应用于设备之间的所有线缆和相关的连接部件。

综合布线由不同系列和规格的部件组成，其中包括传输介质和连接硬件（如配线架、连接器、插座、适配器）以及电气保护设备等。这些部件可用来构建各种子系统，它们都有各自的具体用途，不仅易于实施，而且能随需求的变化而平稳升级。

随着 Internet 网络和信息高速公路的发展，智能化大厦、智能化小区已成为新世纪的开发热点。理想的布线系统表现为：支持语音应用、数据传输、影像影视，而且最终能支持综合性的应用。由于综合性的语音和数据传输的网络布线系统选用的线材、传输介质是多样的（屏蔽、非屏蔽双绞线、光缆等），一般单位可根据自己的特点，选择布线结构和线材。一个设计良好的综合布线系统对其服务的设备应具有一定的独立性，并能互连许多不同应用系统的设备。

一、综合布线的特点

综合布线与传统的布线相比较，有许多的优越性，是传统布线无法比拟的。综合布线特点表现为它的兼容性、开放性、灵活性、可靠性和先进性。而且，综合布线方法给设计、施工和维护带来了很大的方便。

1. 兼容性

综合布线的首要特点是它的兼容性。所谓兼容性是指它是完全独立的，与应用系统相对无关，可以适用于多种应用系统。

过去，为一座大楼或一个建筑群内的语音或数据线路布线时，往往是采用不同厂家生产的电缆线、连接件。例如，用户交换机通常采用双绞线，而计算机通信采用粗同轴电缆或细同轴电缆，它们的电缆不同，连接器件和连接方法也不同，彼此互不兼容。

综合布线将语音、数据与监控设备的信号线经过统一的规划和设计，采用相同的传输介质、信息插座、交连设备、适配器等，把这些不同的信号综合到一套标准的布线中。由此可见，综合布线可以兼容多种不同的信号传输要求。

使用中，用户可不用定义某个工作区的信息插座的具体应用，只把某种终端设备（如个人计算机、电话、视频终端设备等）插入这个信息插座，然后在管理间和设备间的交连设备上做相应的跳线操作，该终端设备就被接入到各自的系统中了。

2. 开放性

对于传统的布线方式，只要用户选定了某种设备，也就是选定了与之相适应的布线方式和传输介质。如果更换另一台设备，那么原来的布线就要全部更换。可以想象，对于一个已经完工的建筑物，这种变化是十分困难的。

综合布线由于采用开放式体系结构，符合多种国际上现行的标准，因此它几乎对所有著名厂商的产品都是开放的。

3. 灵活性

传统的布线方式是封闭的，其体系结构固定不变。若要迁移设备或更新设备会相当困难，甚至不可能实现。综合布线采用标准的传输线缆和相关的连接硬件，模块化设计，因此所有的通道都是通用的。每条通道可以支持终端，如以太网工作站及令牌网工作站。所有设备的开通及更改均无须改变布线，仅仅增减相应的应用设备以及在配线架上进行必要的跳线管理即可。另外，组网也可灵活多样，甚至同一工作区中可以存在不同种类的终端设备，如以太网工作站和令牌网工作站共存，为用户组织信息提供了灵活性选择条件。

4. 可靠性

传统的布线方式由于各个应用系统互不兼容，因而在一个建筑物中往往存在多种布线方案。因此，各类信息传输的可靠性要由所选用的布线可靠性来保证，各应用系统布线不当会造成交叉干扰。

综合布线采用高品质的材料和组合件构成一套高标准的信息传输通道。所有线缆和相关连接件组成的传输通道在设计施工当中都有一套严格的执行标准。每条通道都要采用专用仪器进行测试，以保证其电气性能。应用系统全部采用点到点连接，任何一条传输链路故障均不影响其他链路的正常运行，为链路的运行和故障检修提供了方便，从而保障了应用系统的可靠运行。同时，各系统采用相同的传输介质，因而互为备用，提高了备用冗余。

5. 先进性

当今社会信息产业飞速发展，特别是多媒体技术使信息和语音传输界限被打破。因此，现在建筑物若采用传统布线方式，就无法满足目前的信息传输需要，更不能满足今后信息技术的发展。

综合布线采用光纤与双绞电缆混合的布线方式，较为理想地构成一套完整的布线系统。所有布线均采用世界上最新的通信标准，传输链路按八芯双绞线电缆配置。5 类双绞电缆的数据最大传输速率可达 155 Mb/s。为满足特殊用户需要，也可以将光纤引到工作区桌面。干线布线中，一般情况下，语音使用电缆，数据使用光缆。为同时传输多路实时多媒体信息提供足够的裕量。

二、综合布线的结构

作为综合布线系统，目前被划分为 6 个子系统，分别是工作区子系统、配线（水平）子系统、管理间子系统、（垂直）干线子系统、设备间子系统、建筑群子系统。

综合布线系统是将各种不同组成部分构成一个有机的整体，采取模块化结构设计，层次分明，功能强大。

1. 工作区子系统

一个独立的需要设置终端设备（TE）的区域宜划分为一个工作区。工作区应由配线子系统的信息插座模块（TO）延伸到终端设备处的连接缆线及适配器组成。

常用终端设备是计算机、网络集散器（HUB 等）、电话、报警探头、摄像机、监视器、传感器件、音响等；布线设备包括信息插座和终端设备的连线。

2. 配线子系统

配线子系统应由工作区的信息插座模块、信息插座模块至电信间配线设备（FD）的配线电缆和光缆、电信间的配线设备及设备缆线和跳线等组成。实现信息插座和管理子系统（配线架）间的连接，常用屏蔽或非屏蔽 8 芯双绞线实现这种连接。当需要更高带宽应用时，也可以采用光纤。水平线缆有：UTP Cat.5，FTP Cat.5，S-FTP Cat.5，Enhanced Cat.5，及各种规格的室内光纤，通过提供各种性能的线缆，满足不同的客户需求。

3. 管理间子系统

管理间子系统应对工作区、电信间、设备间、进线间的配线设备、缆线、信息插座模块等设施按一定的模式进行标识和记录。它是由交叉连接的端接硬件（配线架）和色标规则组成，以提供对所有系统的连接和对其相连信息插座的功能进行灵活的管理。布线系统功能为目前市场上各种传输系统提供一个完全开放的环境，采用的标准全部是国际通用标准，不会出现不兼容的情况。

4. 干线子系统

干线子系统应由设备间至电信间的干线电缆和光缆，安装在设备间的建筑物配线设备（BD）及设备缆线和跳线组成，提供高速数据通信主干通道。它主要由高性能室内光纤、双绞线缆、大对数通信电缆组成。光纤具有高带宽、高可靠性、高保密性并完全不受外界电磁干扰等优点，是构造企业网络系统的理想选择。

5. 设备间子系统

设备间是在每幢建筑物的适当地点进行网络管理和信息交换的场地。对于综合布线系统工程设计，设备间主要安装建筑物配线设备。设备间子系统是综合布线系统与各类应用系统进行连接的配线间，由连接垂直主干系统及各类系统如计算机主机、程控交换机等的配线架通过跳线实现各个系统的连接。设备间子系统同时也是连接各建筑群子系统的场所。

6. 建筑群子系统

建筑群子系统应由连接多个建筑物之间的主干电缆和光缆、建筑群配线设备（CD）及设备缆线和跳线组成。实现企业各大楼之间或企业与外部网络通信系统的信息连接。综合布线系统主要由室外光纤、室外大对数通信电缆组成，其结构组成如图 6-1 所示。

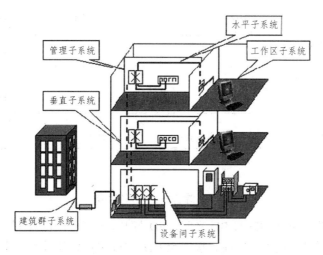

图 6-1　综合布线系统的结构组成

三、综合布线系统的构成

综合布线系统构成应符合以下要求：

（1）综合布线系统基本构成应符合图 6-2 的要求。

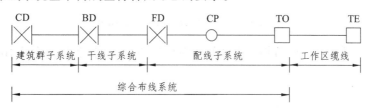

图 6-2　综合布线系统基本构成

注：配线子系统中可以设置集合点（CP 点），也可不设置集合点。

（2）综合布线子系统构成应符合图 6-3 的要求。

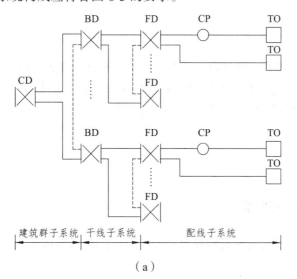

（a）

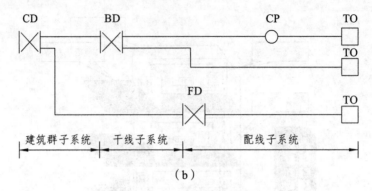

图 6-3　综合布线子系统构成

注：① 图中的虚线表示 BD 与 BD 之间，FD 与 FD 之间可以设置主干缆线。

② 建筑物 FD 可以经过主干缆线直接连至 CD，TO 也可以经过水平缆线直接连至 BD。

③ 综合布线系统入口设施及引入缆线构成应符合图 6-4 的要求。

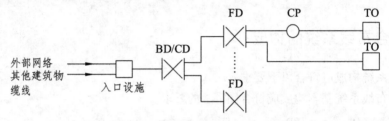

图 6-4　综合布线系统引入部分构成

注：对设置了设备间的建筑物，设备间所在楼层的 FD 可以和设备中的 BD/CD 及入口设施安装在同一场地。

任务二　综合布线系统的施工

【任务描述】

（1）在学习、收集相关资料基础上掌握硬塑料管的敷设方法（明敷、暗敷）、钢管的敷设方法（明敷、暗敷）、槽道（桥架和线槽）的安装要求与方法及线缆敷设的要求；

（2）掌握水平子系统暗埋缆线和明装线槽的安装和施工。

【相关知识】

一、硬塑料管的敷设

硬塑料管一般适用于室内和有酸碱等腐蚀性介质的场所的敷设，但不适于在易受机械损伤的场所进行明敷。

1. 明敷

所谓明敷就是用线卡子将线管固定在墙壁上、楼板下、支架上或吊杆上。硬塑料管明敷的固定间距如图 6-5 所示。硬塑料管的明敷步骤如下：

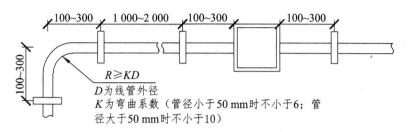

图 6-5　硬塑料管明敷的固定间距

1）固定

明管固定时，应先确定线管的路由，再确定固定点的位置，然后用电钻在墙上打孔，用塑料胀管将管卡子固定住，把线管压入管卡的开口处内部。

线管吊装敷设时，要先将吊杆按规定的间距用金属胀管固定在楼板下，然后再将线管固定在吊杆上，也可借用吊顶装修所用的轻钢龙骨吊杆进行线管固定。

2）连接

硬塑料管的管与管之间或管与盒之间的连接一般用专用的管接头和管卡头，连接处结合面要涂专用胶合剂。

3）分线盒

分线盒的主要作用是用于分线，但当线管敷设距离过长时，为了便于穿线，要在相关位置设置分线盒。

（1）无弯曲转角时，不超过 30 m 安装在一个分线盒。

（2）有一个弯曲转角时，不超过 20 m 安装在一个分线盒。

（3）有两个弯曲转角时，不超过 15 m 安装在一个分线盒。

4）补偿装置

硬塑料管明敷时，应在直线段上每隔 30 m 装设补偿装置（支架敷设除外），如图 6-6 所示。

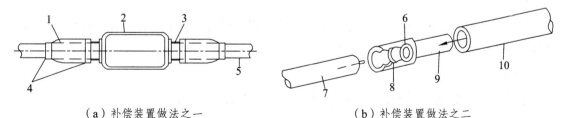

（a）补偿装置做法之一　　　　　　　　（b）补偿装置做法之二

图 6-6　硬塑料管补偿装置

1—软聚氯乙烯管；2—分线盒；3—在分线盒上焊的大一号硬管；4—软聚氯乙烯带涂胶粘剂；5—自由伸缩硬塑料管；
6—大头；7—PVC 直管套入大头内；8—卡环；9—小头可滑动部分；10—套入小头粘牢

2．暗敷

硬塑料管的暗敷是指将线管直接埋入混凝土楼板或墙体中。预埋在墙体中间的暗管内径不宜超过 50 mm，楼板中的暗管内径宜为 15～25 mm。硬塑料管暗敷方式有：

1）现浇混凝土柱内敷设

在现浇混凝土柱内敷设硬塑料管时，把线管放在柱中部，与主筋的绑筋每隔 1 m 及距线盒 30 mm 处进行绑扎固定。

2）现浇混凝土墙内敷设

在现浇混凝土墙内敷设线管时，把线管放在两层钢筋网中间，每隔 1 m 与内壁钢筋进行绑扎。多管并敷时，管间距离要求不小于 25 mm。

3）现浇混凝土楼板内敷设

在现浇混凝土楼板内布管，线管应放在两层钢筋中间，与混凝土表面距离应不小于 15 mm。并列敷设的线管间距不小于 25 mm。

4）框架结构空心砖墙内敷设

在框架结构空心砖墙内敷设线管时，线管由空心砖的空心洞穿过，并与空心砖与砖之间的钢筋进行拉结固定。

5）框架结构加轻质砌块隔墙内敷设

在框架结构加轻质砌块隔墙内布管，剔槽的宽度应不大于管外径加 15 mm，深度应不小于管外径加 15 mm，每隔 0.5 m 进行固定。

6）楼面垫层敷设

在楼面垫层布管，保护层的厚度应不小于 15 mm。

二、钢管的敷设

钢管具有机械强度高，密封性好，抗弯、抗拉和抗压能力强等特点，并具有屏蔽电磁干扰的特性，适用于室内、室外场所的敷设，但在有严重腐蚀的场所则不宜采用。

1．明敷

钢管敷设在潮湿场所时应采用水管，敷设在干燥场所时可采用电管。钢管明敷的固定间距如图 6-7 所示。钢管的明敷步骤如下：

1）固定

钢管沿墙、支架或吊杆敷设的方法和硬塑料管的敷设方法相同。

2）连接

钢管明敷时管与管之间的连接主要有螺纹连接和套管紧定螺钉连接两种方法。钢管与钢管之间用螺纹连接时，线管端部所套螺纹的长度要大于管接头长度的一半，连接后螺纹宜外露 2～3 扣。

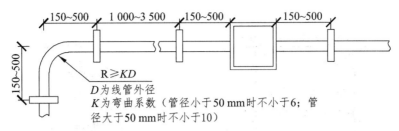

图 6-7 钢管明敷的固定间距

3）接地

综合布线系统的电缆采用钢管敷设时，管路应保持连续的电气连接，并在两端应有良好的接地。因此，在进行钢管敷设时，要在管与管之间及管与盒之间跨接接地线。

镀锌管采用螺纹连接时，两管间用接地卡固定跨接接地线。黑色钢管（非镀锌管）采用螺纹连接时，管接头的两端用圆钢或扁钢焊接。电管间进行电气连接时，可用铜绑线将一根直径不小于 5 mm 的铜线固定在两管间，再将铜绑线进行锡焊。

2. 暗敷

钢管暗敷方法与硬塑料管基本相同。

三、槽道（桥架和线槽）的安装

1.槽道的吊装

（1）电缆桥架、线槽宜距离地面 2.2 m 以上安装，桥架顶部距顶棚或其他障碍物不应小于 0.30 m，如图 6-8 所示。

（2）电缆桥架、线槽的截面利用率不应超过 50%。

（3）电缆桥架、线槽水平敷设时，在缆线的首、尾、转弯及每间隔 3~5 m 处进行固定。

（4）电缆桥架、线槽垂直敷设时，在缆线的上端和每间隔 1.5 m 处应固定在桥架支架上。

（5）桥架及线槽的安全位置应符合施工图规定，左右偏差不应超过 50 mm。

（6）桥架及线槽水平度每米偏差不应超过 2 mm。

（7）垂直桥架及线槽应与地面保持垂直，并无倾斜现象，垂直偏差不应超过 3 mm。

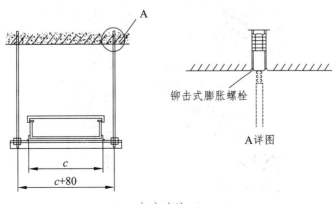

（a）方法一

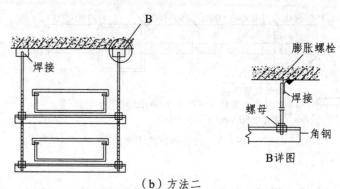

（b）方法二

图 6-8　槽道的吊装方法

（8）两线槽拼接处水平度偏差不应超过 2 mm。

（9）吊架安装应保持垂直，整齐牢固，无歪斜现象。

2. 槽道转弯及分支的固定（见图 6-9）

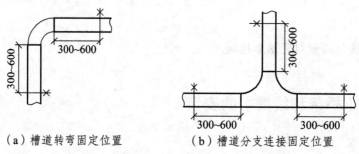

（a）槽道转弯固定位置　　　　（b）槽道分支连接固定位置

图 6-9　槽道转弯及分支连接的固定位置

3. 槽道的垂直安装（见图 6-10）

槽道的垂直安装主要在电缆竖井中沿墙采用壁装方式。

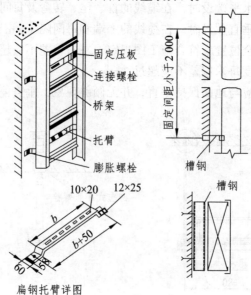

扁钢托臂详图

图 6-10　槽道垂直安装

4．接地

非镀锌金属槽道连接板的两端需跨接铜芯接地线，镀锌槽道间的连接板的两端无须跨接接地线，但连接板两端应有不少于 2 处有防松螺母或防松垫圈的连接固定螺栓。

四、线缆的敷设

1．线缆敷设

线缆敷设的一般要求：

（1）布放的线缆两端要做好标签。

（2）线缆布放时应保证布放的线缆平直，不能出现扭绞、打圈等现象及受到外力挤压和损伤。

（3）布放的线缆应有足够的冗余，绝对不能出现缆线放短的现象。

2．线缆在线管中的敷设

（1）线缆穿管前，要先检查线管中有无拉线，如果没有则要先把拉线穿上。

（2）把线缆绑扎在拉线上，牵引拉线，将缆线穿入线管中。

（3）线缆最大允许拉力如下：

① 一根 4 对对绞线电缆拉力为 100 N。

② 二根 4 对对绞线电缆拉力为 150 N。

③ 三根 4 对对绞线电缆拉力为 200 N。

④ N 根对绞线电缆拉力为（$5N$+50）N。

⑤ 不管多少根电缆，最大拉力不能超过 400 N。

（4）在线管布线中，直线管道的管径利用率应为 50%~60%，弯管道为 40%~50%。暗管布放 4 对对绞线电缆或 4 芯以下光缆时，管道的截面利用率应为 25%~30%。

3．线缆在槽道中的敷设

（1）线槽内线缆布放应顺直，尽量不交叉，在线缆进出线槽部位、转弯处应绑扎固定，其水平部分缆线可以不绑扎。垂直线槽布放缆线应每隔 1.5 m 进行固定。

（2)在电缆桥架内线缆垂直敷设时,在缆线的上端和每隔 1.5 m 处应固定在桥架的支架上。

（3）槽道的截面利用率不应超过 50%。

（4）线缆敷设时，两端应做好标签，填好放线记录表。

五、水平布线子系统的电缆施工

水平布线子系统的缆线虽然是综合布线系统中的分支部分，但它具有面最广、量最大、具体情况多而复杂等特点，涉及的施工范围几乎遍及智能化建筑中所有角落。智能化建筑中的施工环境有所不同，其缆线的敷设方式也不一样，因此，在敷设缆线时，要结合施工现场的实际条件来考虑电缆施工方法。

由于在工程设计和施工图纸中对水平布线子系统的缆线建筑方式，不可能完全符合施工环境的实际要求，这是因为在建筑物内，各种管线设备和内部装修等各项工程施工中，必然会有所改变，使设计要求与现场具体情况产生差异或脱节，这是较普遍的现象。因此，就要求水平布线子系统的缆线施工，更要注意按实际情况来解决问题。

1. 缆线的各种敷设方式

目前，水平布线子系统的缆线建筑方式有预埋或明敷管路或槽道等几种，这些装置又分别有在天花板（或吊顶）内、地板下和墙壁中以及它们 3 种混合组合式。现分别在下面叙述：

1）天花板或吊顶内的布线

（1）天花板或吊顶内的布线方法。

在天花板或吊顶内的布线方法一般有以下两种方法，即装设槽道和不设槽道两种方法。

装设槽道布线方法是在天花板内（或吊顶内），利用悬吊支撑物装置槽道或桥架，这种方法对吊顶会增加较大质量，电缆直接敷设在槽道中，缆线布置整齐有序，有利于施工和维护检修，也便于今后扩建或调整线路。

不装设槽道布线方法是利用天花板内或吊顶内的支撑柱（如丁形钩、吊索等支撑物）来支撑和固定缆线。这种方案无须装设槽道，适用于缆线条数较少的楼层，因电缆的质量较轻，可以减少吊顶所负担的质量，使吊顶的建筑结构简单，减少工程费用。

（2）天花板或吊顶内布线的具体要求。

在天花板或吊顶内布线时，应注意以下具体要求：

根据施工图纸要求，结合现场实际条件，确定在天花板或吊顶内的电缆路由。为此，在现场将电缆路由经过的有关天花板或吊顶每块活动镶板（并有检查作用）推开，详细检查吊顶内的净空间距，有无影响敷设电缆的障碍，如有槽道或桥架装置，是否安装正确和牢固可靠，吊顶安装的稳定牢固程度等，如检查后，确未发现问题才能敷设缆线。

无论天花板或吊顶内是否装设槽道或桥架，电缆敷设均可采用人工牵引。单根大对数电缆可以直接牵引，无须拉绳；如果是多根小对数的缆线（如 4 对对绞线电缆）时，采取组成缆束，用拉绳在天花板或吊顶内牵引敷设。如缆束长度较长、缆线根数多、质量较大，可在路由中间设计设置专人负责照料或帮助牵引，以减少牵引人力和可以防止电缆在牵引中受损。

为了防止距离较长的电缆在牵引过程中发生被磨、刮、蹭、拖等损伤，可在缆线进天花板的入口处和出口处以及中间增设保护措施和支承装置。

在牵引缆线时，牵引速度宜慢速，不宜猛拉紧拽，如发生缆线被障碍物绊住，查明原因，排除障碍后再继续牵引，必要时，可将缆线拉回重新牵引。

水平布线子系统的缆线在天花板或吊顶内敷设后，需将缆线穿放在预埋墙壁或墙柱中的管路中，向下牵引至安装通信引出端（或称住处插座）的洞孔处。缆线根数较少，且线对数不多的情况可直接穿放，如果缆线根数较多，且采用牵引绳拉放到安装通信引出端处，以便连接，缆线在工人区处适当预留长度，一般为 0.3 ~ 0.6 m。

2）地板下的布线

（1）地板下的布线方法。

目前，在综合布线系统中采用的地板下水平走线方法较多，有在地板下或楼板上的几种类型，这些类型的布线方法中除原有建筑在楼板上面直接敷设导管布线方法不设地板外，其他类型的布线方法都设有固定地板或活动地板。因此，这些布线都是比较隐蔽美观，安全方便，如新建建筑主要有地板下预埋管路布线法、蜂窝状地板布线法和地面线槽布线法（线槽埋放在垫层中），它们的管路或线槽，甚至利用地板结构都是在楼层的楼板中，与建筑同时建成的。此外，在新建或原有建筑的楼板上（固定或活动地板下）主要有地板下管道布线法和高架地板布线法。

由于上述各种布线方法各有其特点和要求。在施工前必须充分了解它们的技术要求，施工难点，并拟订具体施工程序，尤其是工程中采用的布线方法。

在敷设缆线前根据施工图纸要求，对采用的布线方法与现场实际进行校核，了解布线系统和缆线路由，对于预埋的管路和线槽必须核查有无可能施工的具体条件（如在预埋的管路和线槽中有无牵引线绳或铁丝）。

在原有建筑或没有预埋暗敷管道或线槽的新建建筑中，在施工前根据该建筑的图纸进行核查，主要是建筑的楼层刻度、楼板结构和内部各种管线系统的分布等内容，这些情况必须弄清，以便根据调查拟定采用相应的地板布线方法。例如，在没有预埋管路和线槽的新建建筑时，可以结合其内部装修同步施工，利用装设活动地板或踢脚板等装饰条件敷设缆线。这样，可以便于敷设施工，又不影响建筑内部环境美观。

（2）地板下布线的具体要求。

在采用地板中预埋管路或线槽的布线方法和在楼层地板上面（固定或活动地板的下面）的布线方法时，都需注意以下具体要求，以保证布线质量，有利于今后使用和维护。

无论在楼板中或楼板上敷设的各种地板下布线方法，除选择缆线的路由短捷平直、装设位置安全稳定以及安装附件结构简单外，更要便于今后维护检修和有利于扩建改建。

敷设缆线的路由和位置尽量远离电力、给水和煤气等管线设施，以免遭受这些管线的危害而影响通信质量。为此，对于它们之间的最小净距与建筑主干布线子系统中的缆线要求相同。

在布线系统中有不少支撑和保护缆线的设施。这些支撑和保护方式是否适用，产品是否符合工程质量的要求，这些对于缆线敷设后的正常运行将起重要作用。为此，对于支撑保护缆线设施必须按照下面介绍的支撑保护方式的要求执行。

3）墙壁上的布线

在墙壁内预埋管路提供敷设水平布结的缆线是最佳的方案，它既美观、隐蔽，又安全、稳定，因此，它是墙壁内敷设的主要方式。

2. 水平布线子系统缆线敷设的有关规定和要求

水平布线子系统的缆线敷设过程和敷设后均应符合有关规定和要求。其主要内容如下：

为了便于维护检修以及今后使用，水平布线子系统的缆线布放后，预留一定的冗余长度，以满足上述需要。为此，干线交接间或二次交接间的双绞线电缆，预留长度每端一般为 $3 \sim 6$ m，工作区为 $0.3 \sim 0.6$ m。如有特殊需要时，可以适当增加长度或按设计规定预留长度。

目前，双线对称电缆一般有缆芯屏蔽（又称总屏蔽）和线对屏蔽两种结构方式，通常情况时，主干双绞线对称电缆只采用缆芯屏蔽结构方式，水平布线则两种结构都有采用。由于屏蔽结构不同，电缆外径的粗细也有区别。为此，在屏蔽电缆敷设时，其曲度半径根据屏蔽方式来考虑，一般要求如下：

（1）非屏蔽的 4 对双绞线对称电缆敷设后弯曲时的曲率半径至少为电缆外径的 4 倍，在施工过程中至少为 8 倍。

（2）屏蔽结构的双绞线对称电缆的曲率半径至少为电缆外径的 6~10 倍。

（3）在水平布线子系统的缆线敷设时，注意牵引拉力不宜过大过猛，要求牵引拉力适宜、牵引的节奏缓和。对于电缆芯线为 0.5 mm 线径、4 对双绞线对称电缆时的牵引拉力不超过 110 N，如电缆芯线为 0.4 mm 线径的 4 对双绞线对称电缆时的牵引拉力不超过 70 N。

任务三　光缆施工敷设

【任务描述】

在学习、收集相关资料基础上掌握光缆施工敷设的一般要求、建筑物内主干光缆的敷设、光缆连接施工的一般要求、光缆的接续和终端。

【相关知识】

一、光缆施工敷设

光缆施工敷设的一般要求：

（1）必须在施工前对光缆的端别予以判定并确定 AB 端，A 端就是枢纽的方向，B 端是用户一侧，敷设光缆的端别方向一致，不使端别排列混乱。

（2）根据运到施工现场的光缆情况，结合工程实际，合理配盘与光缆敷设顺序相结合，充分利用光缆的盘长，施工中宜整盘敷设，以减少中间接头，不任意切断光缆。管道光缆的接头位置应避开繁忙路口或有碍于人们工作和生活处，直埋光缆的接头位置宜安排在地势平坦和地基稳固地带。

（3）光纤的接续人员必须经过严格培训，合格后才准上岗操作。光纤熔接机等贵重仪器和设备应由专人负责使用、搬运和保管。

（4）在装卸光缆盘作业时，使用叉车或吊车，如采用跳板时，小心仔细从车上滚卸，严禁将光缆盘从车上直接推落到地。在工地滚动光缆盘的方向，必须与光缆的盘绕方向（箭头方向）相反，其滚动距离规定在 50 m 以内，当滚动距离大于 50 m 时，使用运输工具。在车上装运光缆盘时，将光缆固定牢靠，不歪斜和平放。在车辆运输时车速宜缓慢，注意安全，防止发生事故。

（5）光缆如采用机械牵引时，牵引力用拉力计监视，不大于规定值。光缆盘转动速度与光缆布放速度同步，要求牵引的最大速度为 10 m/min，并保持恒定。光缆出盘处要保持松弛的弧度，并留有缓冲的余量，又不宜过多，避免光缆出现背扣、扭转或小圈。牵引过程中不得突然启动或停止，应互相照顾呼应，严禁硬拉猛拽，以免光纤受力过大而损害。在敷设光缆全过程中，确保光缆外护套不受损伤，密封性能良好。

（6）光缆无论在建筑物内或建筑群间敷设，应单独占用管道管孔，如利用原有管道和铜芯导线电缆合用时，在管孔中穿放塑料子管，塑料子管的内径为光缆外径的 1.5 倍，光缆在塑料子管中敷设，不与铜芯导线电缆合用同一管孔。在建筑物内光缆与其他弱电系统的缆线平行敷设时，有一定间距分开敷设，并固定绑扎。

二、光缆的敷设

在综合布线系统中光缆敷设有建筑物内主干光缆和建筑群间主干光缆两种情况。

建筑物内主干光缆敷设的基本要求与电缆敷设相似。光缆敷设的施工方式也有两种，一种是由建筑的顶层向下垂直布放，另一种是由建筑的底层向上牵引，通常采用向下垂直布放的施工方式，只有整盘光缆搬到顶层有较大困难或有其他原因时，才采用由下向上牵引光缆的施工方式。具体施工方法的细节与电缆敷设相似。光缆敷设需要注意以下几点要求：

（1）建筑物内主干布线子系统的光缆一般装在电缆竖井或上升房中，它是从设备间至各个楼层的交接间（或称接线间）之间敷设，成为建筑中的主要骨干线路。为此，光缆敷设在槽道内（或桥架）和走线架上，并排列整齐，不得溢出槽道或桥架。槽道（桥架）和走线架的安装位置应正确无误，安装牢固可靠。为了防止光缆下垂或脱落（尤其是光缆垂直敷设段落），在穿越每个楼层的槽道上、下端和中间，均对光缆采取切实有效的固定装置，如用尼龙绳索、塑料带捆扎或钢制卡子箍住，使光缆牢固稳定。

（2）光缆敷设后，细致检查，要求外护套完整无损，不得有压扁、扭伤、折痕和裂缝等缺陷。如出现异常，应及时检测，予以解决。如有缺陷或有断纤现象，检修测试合格后才能允许使用。

（3）光缆敷设后，要求敷设的预留长度必须符合设计要求，在设备端预留 5 ~ 10 m，有特殊要求的场合，应根据需要预留长度。光缆的曲率半径应符合规定，转弯的状态应尽量圆顺，没有死弯和折痕。

（4）在建筑内同一路由上如有其他弱电系统的缆线或管线时，光缆与它们平行或交叉敷设时应有一定间距，要分开敷设和固定，各种缆线间的最小净距符合设计规定，也可参照电缆与其他管线的最小净距处理，以保证光缆安全运行。

（5）光缆全部固定牢靠后，将建筑内各个楼层光缆穿过的所有槽洞、管孔的空隙部分，先用油麻封堵材料堵塞密封，再加堵防火堵料等防火措施，以求达到防潮和防火效果。

三、光缆的接续和终端

1. 光缆连接的类型和施工内容

光缆连接是综合布线系统工程中极为重要的施工项目，按其连接类型可分为光缆接续和光缆终端两类。它们虽然都是光缆连接形成光通路，但有很大区别。光缆接续是光缆互相直接连接，中间没有任何设备，它是固定接续；光缆终端是中间安装设备，如光缆接线箱（LIU，又称光纤互连装置、光缆接续箱）和光缆配线架（LGX，又称光纤接线架），光缆的两端分别终端连接在这些设备上，利用光纤跳线或连接器进行互连或交叉连接，形成完整的光通路，它是活动接续。因此，它们的施工内容和技术要求也各有其特点和规定，由于在任何一个综合布线系统中，如果采用光缆传输系统时，必然有上述两种光缆连接，在施工中必须按设计要求和有关操作规程进行，以保证光缆能正常使用。

光缆接续的施工内容包括光纤接续、铜导线、金属护层和加强芯的连接，接头损耗测量、接头套管（盒）的封合安装以及光缆接头的保护措施的安装等。上述施工内容均按操作顺序顺次进行，以便确保施工质量。

光缆终端的施工内容一般不包括光缆终端设备的安装。主要是光缆本身弹簧端部分，通常是光缆布置（包括光缆终端的位置）、光纤整理和连接器的制作及插铜导线、金属护层和加强芯的终端和接地等施工内容。

由于目前国内外生产厂商提供的光缆终端设备在产品结构和连接方式上有所区别，其附件也有些不同。因此，在光缆终端的施工内容会有些差别，根据选用的光缆终端设备和连接硬件的具体情况予以调整和变化，也不可能与上面叙述完全一致。

2. 光缆连接施工的一般要求

光缆不论采用什么建筑方式，在光缆接续和终端的施工前，都需要注意以下要求：

（1）在光缆连接施工前，核对光缆的规格及程式等，是否与设计要求相符，如有疑问时，必须查询清楚，确认正确无误才能施工。

（2）对光缆的端别必须开头检验识别，要求必须符合规定。光缆端别的识别方法是面对光缆截面，由领示色光纤为首（领示色规定根据生产厂家提供的产品说明书或有关标准规定），按顺时针方向排列时为 A 端，相反为 B 端。如光缆中有铜导线组时，铜导线组端别识别方法与光纤端别的识别规定一致。经核对光纤和铜导线的端别均正确无误后，按顺序进行编线，并做好永性标记，以便施工和今后维修检查。

（3）要对光缆的预留长度进行核实，在光缆接续和光缆终端位置比较合理的前提下，要求在光缆接续的两端和光缆终端设备的两侧，预留的光缆长度必须留足，以利于光缆接续或光缆弹簧对端。按规定预留在光终端设备两侧的光缆，可以预留在光终端设备机房或电缆进线室，视具体情况而定。预留光缆选择安全位置，当处于易受外界损伤的段落时，采取切实有效的保护措施（如穿管保护等）。

（4）光缆接续或终端前，检查光缆（在光缆接续时检查光缆的两端）的光纤和铜导线（如为光纤和铜导线组合光缆时）的质量，在确认合格后方可进行接续或终端。光纤质量主要是光纤衰减常数、光纤长度等；铜导线质量主要是电气特性等各项指标。

（5）由于光缆接续和光缆终端都要求光纤端面极为清洁光亮，以确保光纤连接后的传输特性良好。为此，对光缆连接时的所在环境要求极高，必须整齐有序、清洁干净。室内是在干燥无尘、温度适宜、清洁干净的机房中；屋外是在专用光缆接续作业车或工程车内，如因具体条件限制，也可在临时搭制的帐篷内进行施工操作，严禁在有粉尘的地方或毫无遮盖的露天进行作业。在光缆接续和终端过程中特别注意防尘、防潮和防振。光缆各连接部位和工具及材料均保持清洁干净，施工操作人员在施工作业过程中穿工作服、戴工作帽，以确保连接质量和密封效果。对于采用填充材料的光缆，在光缆连接前，采用专制的清洁剂等材料去除填充物，并擦洗干净、整洁，不留有残污和遗渍，以免影响光缆的连接质量。在施工现场对光缆整理清洁过程中，严禁使用汽油等易燃剂料清洁，尤其在室内更不能使用，以防止发生火灾。

在室外的光缆接续工作时，如逢不适宜操作的风、雷、雨、雪等潮湿多尘的天气，必须立即停止施工，以免影响光纤接续质量。

在室外光缆接续应连续作业，以确保光纤接续质量良好，当天确实无法全部完成光缆接头时，应采取切实有效的保护措施，不使光缆内部受潮或受外力损伤。

（6）光缆连接施工的全过程，都必须严格执行操作规程中规定的工艺要求。例如，在切断光缆时，必须使用光缆切断器切断，严禁使用钢锯，以免拉伤光纤；严禁用刀片去除光纤的一次涂层，或用火焰法制备光纤端面等；在剥除光缆外护套时，应根据光缆接头套管的工艺尺寸要求开剥长度，不宜过长或过短，在剥除外护套过程中不损伤光纤，以免留有后患。

（7）光纤接续的平均损耗、光缆接头套管（盒）的封合安装以及防护措施等都符合设计文件中的要求或有关标准的规定。

3. 光缆的接续

光缆的接续包含有光纤接续、铜导线（如光电组合光缆时）、金属护层和加强芯的连接、接头套管（盒）的封合安装等。在施工时应分别按其操作规定和技术要求执行，具体内容如下：

1）光纤接续

目前光纤接续有熔接法、黏结法和冷接法，一般采用熔接法。无论选用那种接续方法，为了降低连接损耗，在光纤接续的全部过程中采取质量监视。具体监视可参见 YDJ 44-89《电信网光纤数字传输系统工程施工及验收暂行技术规定》中的规定，在光纤接续中按以下要求：

（1）在光纤接续中严格执行操作规程的要求，以确保光纤接续的质量。光纤接续采用熔接法。

（2）使用光纤熔接前，严格遵守厂家提供的使用说明书及要求，每次熔接作业前，将光纤熔接机的有关部位清洁干净。

（3）在光纤熔接前，必须将光纤羰面按要求切割，务必合格，才能将光纤进行熔接。在光纤接续时，按两端光纤的排列顺序，一一对应接续，不接错。

（4）在光纤接续的全过程，尤其是使用的光纤熔接机缺乏接续质量检验功能或有检验功能但不能保证光纤接续质量时，在接续过程中使用光时域反射仪（OTDR）进行监测，务必使光纤接续损耗符合规定要求（必要时，在光纤接续中每道工序完成后测量接续损耗）。

（5）熔接完成并测试合格后的光纤接续部位，立即做增强保护措施。目前增强保护方法有热可缩管法、套管法和 V 形槽法，较常用的是热可缩管法，采用热可缩管加强法保护时，要求加强管引缩均匀，管中无气泡。

（6）光纤接续的全过程的光纤护套、涂层的去除、光纤端面切割制备、光纤熔接、热可缩管的加强保护等施工作业，应连续完成，不任意中断。使光纤接续程序完整而正确实施，确保光纤接续质量优良。

（7）光纤全部连接完成后，按下列要求将光纤接头固定和光纤余长收容盘放：

①光纤接续按顺序排列整齐、布置合理，并将光纤接头固定，光纤接头部位平直安排，不应受力。

②根据光缆接头套管（盒）的不同结构，按工艺要求接续后的光纤余长收容盘放在骨架上，光纤的盘绕方向一致，松紧适度。

③余长的光纤盘绕弯曲时的曲率半径大于厂家规定的要求，一般收容的曲率半径不应小于40 mm。光纤收容余长的长度不小于12 m。

④光纤盘留后，按顺序收容，不应有扭绞、受压现象，用海绵等缓冲材料压住光纤形成保护层，并移放到接头套管中。

⑤光纤接续的两侧余长贴上光纤芯的标记，以便今后监测时备查。

光纤接续损耗值设计要求如表6-1所示。

表6-1   光纤接续损耗值设计要求

光纤类别和光纤损耗		多模光纤接续损耗/dB		单模光纤接接续损耗/dB	
		平均值	最大值	平均值	最大值
光纤接续方法	熔接法	0.15	0.30	0.15	0.30
	机械接续法	0.15	0.30	0.20	0.30

2）铜导线、金属护层和加强芯的连接

铜导线、金属护层和加强芯的连接分别符合以下各自的技术要求。

（1）铜导线的连接。

光缆内有铜导线时，要求如下：

①铜导线的连接方法可采用绕接、焊接或接线子连接几种，有塑料绝缘层的铜导线采用全塑电缆接线端子接续。

②铜导线接续点距光缆接头中心10 cm左右，允许偏差±10 mm。有几对铜导线时，可分两排接续。

③对远端共用的铜导线，在接续后测试直流电阻、绝缘电阻和绝缘耐压强度等，并检查铜导线接续是否良好。

④直埋光缆中的铜导线接续后，测试直流电阻、绝缘电阻和绝缘耐压强度等，并要求符合国家标准有关通信电缆铜导线电性能的规定。

（2）金属护层和加强芯的连接。

金属护层和加强芯的连接的要求如下：

①光缆接头两侧综合护套金属护层（一般为铝护层）在接头装置处保持电气连通，并按规定要求接地，或按设计要求处理。铝护层的连（引）线是在铝护层上沿光缆轴向开一个2.5cm的纵口，再拐90°弯，开1 cm长，呈"L"状的口，将连接端头卡子与铝护层夹住并压接，再用聚氯乙烯胶带绕包固定。

②加强芯是根据需要长度截断后，再按工艺要求连接。一般是将两侧加强芯（不论是金属或非金属材料）断开，再固定在金属接头套管（盒）上。加强芯连接方法和在接头盒上一样采用压接，要求牢固可靠，并互相绝缘。如是金属接头套管，在其外面应采用热可缩管或塑料套管保护。

3）接头套管（盒）的封合和安装

光缆接头套管（盒）的封合安装，应符合下列要求：

（1）光缆接头套管的封合按工艺要求进行。如为铅套管封焊时，严格控制套管内的温度，封焊时采取降温措施，要保证光纤被覆层不会受到过高温度的影响。

（2）光缆接头套管若采用热可缩套管时，加热顺序由套管中间向两端依次进行烘烤，加热均匀，热可缩管冷却后才能搬动，要求热可缩套管的外形圆整、表面美观、无烧焦等不良现象。

（3）光缆接续和封合全部完毕后，测试和检查有无问题，并做记录备查。如需装地引出时，注意安装工艺必须符合设计要求。

（4）管道光缆接头放在人孔正上方的光缆接头托架上，光缆接头预留余缆盘成"O"形圈，紧贴人孔壁，用扎线捆扎在人孔铁架上固定，"O"形圈的曲率半径不小于光缆直径的 20 倍。

（5）直埋光缆接头平放于接坑中，其曲率半径不小于光缆直径的 20 倍。坑底（即光缆接头下面）铺垫 100 mm 细土或细砂，并平整踏实，接头上面覆盖厚约 200 mm 的细土或细砂，然后在细土层上面覆盖混凝土盖板或完整的砖块，以保证光缆和光缆接头。

目前，国内外生产厂家生产的光缆接头盒品种较多，适用于管道、直埋和架空等室外各种场合，也有用于室内的。光缆接头盒的外形一般有平卧式和竖立式等多种，盒体结构是采用对半开启式机械压接密封，在使用过程中只需更换密封件，盒体即可重复使用。光缆接头盒有直通（2 个端口）和分支（4 个端口），如仅需 3 个端口，不用的端口可堵塞。盘留余纤的储纤盘有翻转式、翻转层叠式或旋转式（又称扇式）和抽屉式等多种。光缆接头盒容纳光纤可从 2 芯到 96 芯，甚至更多芯数。由于光缆接头盒型号、结构、容纳光纤的芯数等各有不同，其外形尺寸也不一样，这些光缆接头盒都具有安装简单、实用可靠、适应性强等特点。在选用时，应根据光缆的芯数、光缆外径和光缆敷设方式以及使用的场合来考虑。

这些光缆接头盒由于安装方式的不同，其安装附件也有区别，如在电杆上安装时，需配有钢箍、螺钉、光缆接头盒托架等安装附件。在管道人孔或手孔中以及直埋光缆接头坑内安装时，需配备光缆接头盒外面的安装紧固件等附件。

4. 光缆的终端

1）光纤终端的连接方式

综合布线系统的光缆终端一般都在设备上或专制的终端盒，在设备上是利用其装设的连接硬件，如耦合器、适配器等器件，使光纤互相进行连接。终端盒则采用光缆尾纤与盒内的光纤连接器连接。这些光纤连接方式都是采用活动接续，分为光纤交叉连接（又称光纤跳接）和光纤互相连接（简称光纤互连，又称光纤对接）两种。现分别叙述其特点和具体情况。

（1）光纤交叉连接。

光纤交叉连接与铜导线电缆在建筑物配线架或交接箱上进行跳线是基本相似的，它是一种以光缆终端设备为中心，对线路进行集中和管理的设施。目的是为了便于线路维护管理而考虑设置，既可简化光纤连接，又便于重新配置、新增或拆除线路等调整工作。在需要调整时，一般采用两端均装有连接器的光纤跳线或光纤跨接线，在终端设备上安装的耦合器、适配器或连接器面板进行插接，使终端在设备上的输入和输出光缆互相连接，形成完整的光通路。这些光缆终端设备较多，有光缆配线架（LGX）、光缆接线箱（又称光缆连接盒）、光缆端接架、光缆互连单元（LIU）和光缆终端盒等多种类型和品种，它们的规格和容量都有很大的区别，有几芯到几十芯，甚至百芯以上，选用时应根据网络需要、装设场合和光缆的规格及敷设方式等来考虑。

（2）光纤互相连接。

光纤互相连接简称光纤互连，又称光纤对接，它是综合布线系统中较常用的光纤连接方法，有时它也可作为线路管理使用。其主要特点是直接将来自不同的光缆的光纤，如分别是输入端和输出端的光纤，通过连接套箍互相连接，在中间不必通过光纤跳线或光纤跨接线连接。因此，在综合布线系统中如果不是考虑对线路进行经常性的调整工作时，当要求降低光能量的损耗，常常使用光纤互连模块，因为光纤互相连接的光能损耗远比光纤交叉连接要小。这是由于光纤互相连接中光信号只通过一次插接性连接，而在光纤交叉连接中，光信号需要通过两次插接性连接，且有一段跳线或跨接线的损耗。但是应该说两者相比，各有其特点和用途，光纤交叉连接在使用时较为灵活，但它的光能量损耗会增加一倍。光纤互相连接是固定对应连接，灵活运用性差，但其光能量损耗较小，这两种连接方式根据网络需要和设备配置来决定选用。

这两种连接方式所选用的连接硬件，均有用作插接连接器的光纤耦合器（如 ST 耦合器）、固定光纤耦合器的光纤连接器面板或嵌板等装置，以及其他附件。此外，还有识别线路的标志，这些都是在光纤终端处必须具备的元器件。具体数量的配置和安装方法因生产厂家的产品不同而有区别，在安装施工时必须加以熟悉和了解。

2）光缆终端的基本要求

光缆和光纤终端是综合布线系统工程的重要项目，应符合以下基本要求：

（1）在光缆终端的设备机房内，光缆和光缆终端接头的布置合理有序，安装位置安全稳定，其附近不应有可能损害它的外界设施，如热源和易燃物质等。

（2）为保证连接质量，从光缆终端接头引出的尾巴光缆或单芯光缆的光纤所带的连接器，按设计要求和规定，插入光纤配线架上的连接硬件中。如暂时不用的光纤连接器，可以不插接，但应在连接器插头端盖上塑料帽，以保证其清洁干净。

（3）光纤在机架或设备内（如光纤连接盒），对光纤接续予以保护。光纤连接盒有固定和活动两种方式（如抽屉式、翻转式、层叠式和旋转式等），不论在哪种储纤的装置中，光纤盘绕应有足够的空间，都大于或符合规定的曲率半径，以保证光纤正常运行。

（4）利用室外光缆中的光纤制作连接器时，其制作工艺要求严格按照操作规程执行，光纤芯径与连接器接头的中心位置的同心度偏差，达到以下要求（采用光显微镜或数字显微镜检查）：多模光纤同心度偏差小于或等于 3 μm；单模光纤同心度偏差小于或等于 1 μm。

（5）此外，其连接的接续损耗也应达到规定指标。如上述两项不能达到规定指标，尤其是超过光纤接续损耗指标时，不能使用，必须剪掉接续重新制作，务必合格才准使用。

（6）所有的光纤接续处（包括光纤熔接或机械接续）都应有切实有效的保护措施，并要妥善固定牢靠。

（7）光缆中的铜导线分别引入业务盘或远供盘等进行终端连接。金属加强芯、金属屏蔽层（铝护层）以及金属铠装层均应按设计要求，采取接地或终端连接。要求必须检查和测试上述措施是否符合规定。

（8）光纤跳线或光纤跨接线等的连接器，在插接入适配器或耦合器前，应用沾有试剂级的丙醇酒精的棉花签擦拭连接器插头和耦合器或适配器内部，清洁干净才能插接。并要求耦合器的两端插入的 ST 连接器端面在其中间接触紧密。

（9）在光纤、铜导线和连接器的面板上均设有醒目的标志，标志内容正确无误、清楚完整（如序号和光纤用途等）。

任务四　综合布线系统实训

子任务一　RJ-45 水晶头端接和跳线制作及测试实训

【实训目的】

（1）掌握 RJ-45 水晶头和网络跳线的制作方法和技巧；
（2）掌握网络线的色谱、剥线方法、预留长度和压接顺序；
（3）掌握各种 RJ-45 水晶头和网络跳线的测试方法；
（4）掌握网络线压接常用工具和操作技巧。

【实训要求】

（1）完成网络线的两端剥线，不允许损伤线缆铜芯，长度合适；
（2）完成 4 根网络跳线制作实训，共计压接 8 个 RJ-45 水晶头；
（3）要求压接方法正确，每次压接成功，压接线序检测正确，正确率 100%。

【实训设备、材料和工具】

设备及材料："西元"牌网络配线实训装置（型号 KYPXZ-01-05）、实训材料包 1 个、RJ-45 水晶头 8 个、500 mm 网线 4 根。

工具：剥线器 1 把、压线钳 1 把、钢卷尺 1 个。

【实训步骤】

（1）剥开双绞线外绝缘护套。

首先剪裁掉端头破损的双绞线，使用专门的剥线剪或者压线钳沿双绞线外皮旋转一圈，剥去约 30 mm 的外绝缘护套，如图 6-11 和图 6-12 所示。

 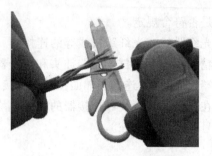

图 6-11　剥开双绞线外绝缘护套　　　　　　图 6-12　抽取双绞线外绝缘护套

特别注意：不能损伤 8 根线芯的绝缘层，更不能损伤任何一根铜线芯。

（2）拆开 4 对双绞线。

将端头已经抽去外皮的双绞线按照对应颜色拆开成为 4 对单绞线。拆开 4 对单绞线时，必须按照绞绕顺序慢慢拆开，同时保护 2 根单绞线不被拆开和保持比较大的曲率半径，如图 6-13 所示，是正确的操作结果。不允许硬拆线对或者强行拆散，形成比较小的曲率半径，如图 6-14 所示，已经将一对绞线硬折成很小的曲率半径。

 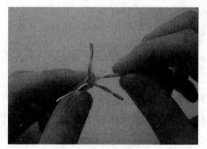

图 6-13　拆开 4 对双绞线正确结果　　　　图 6-14　一对绞线硬折成很小期曲率半径

（3）拆开单绞线。

将 4 对单绞线分别拆开。注意：RJ-45 水晶头制作和模块压接线时，线对拆开方式和长度不同。

RJ-45 水晶头制作时，双绞线的接头处拆开线段的长度不应超过 20 mm，压接好水晶头后，拆开线芯长度必须小于 14 mm，过长会引起较大的近端串扰。

模块压接时，双绞线压接处拆开线段长度应该尽量短，能够满足压接就可以了，不能为了压接方便拆开线芯很长，过长会引起较大的近端串扰。

（4）拆开单绞线和 8 芯线排好线序。

把 4 对单绞线分别拆开，同时将每根线轻轻捋直，按照 568B 线序水平排好，在排线过程中注意从线端开始，至少 10 mm 导线之间不应有交叉或者重叠。568B 线序为白橙、橙、白绿、蓝、白蓝、绿、白棕、棕，如图 6-15 所示。

（5）剪齐线端。

把整理好线序的 8 根线端头一次剪掉，留 14 mm 长度，如图 6-16 所示。

（6）插入 RJ-45 水晶头和压接。

把水晶头刀片一面朝自己，将白橙线对准第一个刀片插入 8 芯双绞线，每芯线必须对准一个刀片，插入 RJ-45 水晶头内，保持线序正确，而且一定要插到底。然后放入压线钳对应的刀口中，用力一次压紧，如图 6-17 和图 6-18 所示。

图 6-15　8 芯线排好线序

图 6-16　剪齐线端

重复以上步骤，完成另一端水晶头制作，这样就做成了一根网络跳线了。

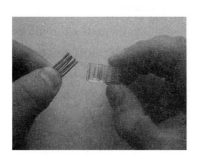
图 6-17　插入 RJ-45 水晶头

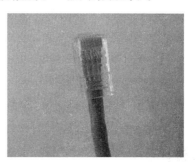
图 6-18　压接后 RJ-45 水晶头

（7）网络跳线测试。

把跳线两端 RJ-45 头分别插入测试仪上下对应的插口中，观察测试仪指示灯闪烁顺序，如图 6-19 所示。568B 线序为白橙、橙、白绿、蓝、白蓝、绿、白棕、棕。如果跳线线序和压接正确，上下对应的 8 组指示灯会按照 1-1，2-2，3-3，4-4，5-5，6-6，7-7，8-8 顺序轮流重复闪烁。

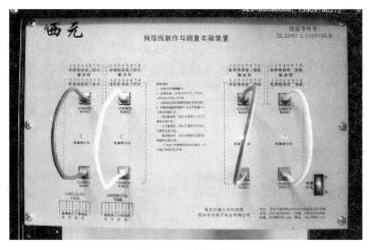
图 6-19　跳线测试

如果有一芯或者多芯没有压接到位时，对应的指示灯不亮。如果有一芯或者多芯线序错误时，对应的指示灯将显示错误的线序。

【实训报告】

（1）写出网络线 8 芯色谱和 568B 端接线顺序。

（2）写出 RJ-45 水晶头端接线的原理。

（3）总结出网络跳线制作方法和注意事项。

（4）请写出小组成员及分工情况。

（5）分小组进行任务的实施。要求正确使用相关设备及工具，安全文明操作，现场工具设备摆放整齐，并记录具体的实训过程。

（6）如发现问题，自己先分析查找故障原因，并进行记录。

（7）实训展示。

将实训结果进行展示。能用专业的语言对整个实训过程进行描述。

子任务二　基本永久链路实训
（RJ-45 网络配线架+跳线测试仪）

【实训目的】

（1）掌握网络永久链路；

（2）掌握网络跳线制作方法和技巧；

（3）掌握网络配线架的端接方法；

（4）熟悉掌握网络端接常用工具和操作技巧。

【实训要求】

（1）完成 4 根网络跳线制作，一端插在测试仪 RJ-45 口中，另一端插在配线架 RJ-45 口中；

（2）完成 4 根网络线端接，一端 RJ-45 水晶头端接并且插在测试仪中，另一端在网络配线架模块端接；

（3）完成 4 个网络链路，每个链路端接 4 次 32 芯线，端接正确率 100%。

【实训设备、材料和工具】

设备及材料："西元"牌网络配线实训装置（型号 KYPXZ-01-05）、实训材料包 1 个、RJ-45 水晶头 12 个、500 mm 网线 8 根。

工具：剥线器 1 把、压线钳 1 把、打线钳 1 把、钢卷尺 1 个。

【实训步骤】

（1）从实训材料包中取出 3 个 RJ-45 水晶头、2 根网线。

（2）打开网络配线实训装置上的网络跳线测试仪电源。

（3）按照 RJ-45 水晶头的制作方法，制作第一根网络跳线，两端 RJ-45 水晶头端接。

（4）测试合格后将一端插在测试仪 RJ-45 口中，另一端插在配线架 RJ-45 口中。

（5）把第二根网线一端首先按照 568B 线序做好 RJ-45 水晶头，然后插在测试仪 RJ-45 口中。

（6）把第二根网线另一端剥开，将 8 芯线拆开，按照 568B 线序端接在网络配线架模块中，这样就形成了一个 4 次端接的永久链路，如图 6-20 所示。

（7）测试压接好模块后，这时对应的 8 组 16 个指示灯依次闪烁，显示线序和电气连接情况，如图 6-21 所示。

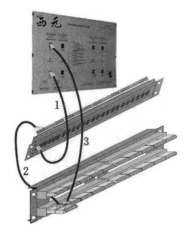

图 6-20 永久链路端接

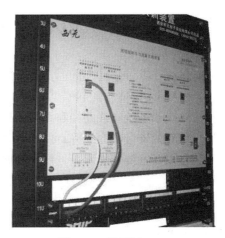

图 6-21 指示灯

（8）重复以上步骤，完成 4 个网络链路和测试，如图 6-22 所示。

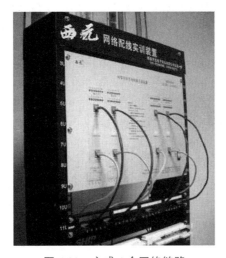

图 6-22 完成 4 个网络链路

【实训报告】

（1）设计 1 个带 CP 集合点的综合布线永久链路图。

（2）总结永久链路的端接技术，如 568A 和 568B 端接线顺序和方法。

（3）总结 RJ-45 模块和 5 对连接模块端接方法。

（4）请写出小组成员及分工情况。

（5）分小组进行任务的实施。要求正确使用相关设备及工具，安全文明操作，现场工具设备摆放整齐，并记录具体的实训过程。

（6）如发现问题，自己先分析查找故障原因，并进行记录。

（7）实训展示。

将实训结果进行展示。能用专业的语言对整个实训过程进行描述。

子任务三　PVC 线管的布线工程技术实训

【实训目的】

（1）通过水平子系统布线路径和距离的设计，熟练掌握水平子系统的设计；

（2）通过线管的安装和穿线等，熟练掌握水平子系统的施工方法；

（3）通过使用弯管器制作弯头，熟练掌握弯管器使用方法和布线曲率半径要求；

（4）通过核算、列表、领取材料和工具，训练规范施工的能力。

【实训要求】

（1）设计一种水平子系统的布线路径和方式，并且绘制施工图；

（2）按照设计图，核算实训材料规格和数量，掌握工程材料核算方法，列出材料清单；

（3）按照设计图，准备实训工具，列出实训工具清单，独立领取实训材料和工具；

（4）独立完成水平子系统线管安装和布线方法，掌握 PVC 管卡、管的安装方法和技巧，掌握 PVC 管弯头的制作。

【实训设备、材料和工具】

设备及材料："西元"牌网络综合布线实训装置 1 套（型号 KYSYZ-12-1233）、ϕ 20 PVC 塑料管、管接头、M6×16 十字头螺钉、管卡若干。

工具：弯管器、穿线器、十字头螺丝刀、钢锯、线槽剪、登高梯子、编号标签。

【实训步骤】

（1）使用 PVC 线管设计一种从信息点到楼层机柜的水平子系统，并且绘制施工图。

3 ~ 4 人成立一个项目组，选举项目负责人，每人设计一种水平子系统布线图，并且绘制图纸。项目负责人指定 1 种设计方案进行实训。

（2）按照设计图，核算实训材料规格和数量，掌握工程材料核算方法，列出材料清单。

（3）按照设计图需要，列出实训工具清单，领取实训材料和工具。

（4）首先在需要的位置安装管卡。然后安装 PVC 管，在两根 PVC 管连接处使用管接头，拐弯处必须使用弯管器制作大拐弯的弯头连接。

（5）明装布线实训时，边布管边穿线；暗装布线时，先把全部管和接头安装到位，并且固定好，然后从一端向另外一端穿线。

（6）布管和穿线后，必须做好线标。

【实训分组】

为了满足全班 40～50 人同时实训和充分利用实训设备，实训前必须进行合理的分组，保证每组的实训内容相同，难易程度相同。分组要求从机柜到信息点完成一个永久链路的水平布线实训，以不同机柜、不同布线高度、不同布线拐弯分别组合成多种布线路径实训，每个小组分配一种布线路径实训。如图 6-23 所示，以"西元"牌网络综合布线实训装置为例进行分组，具体可以按照实训设备规格和实训人数设计。

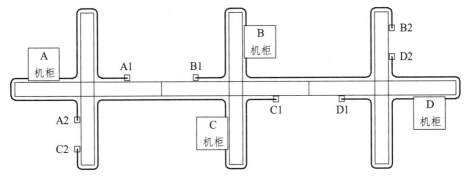

图 6-23　实训设置平面图

第一组布线路径：A 机柜→A1 信息点，高 2.35 m，2 个阳角，2 个阴角，1 个拐弯。
第二组布线路径：A 机柜→A2 信息点，高 1.85 m，2 个阳角，1 个阴角，1 个拐弯。
第三组布线路径：B 机柜→B1 信息点，高 2.35 m，2 个阳角，1 个阴角，1 个拐弯。
第四组布线路径：B 机柜→B2 信息点，高 1.85 m，2 个阳角，2 个阴角，1 个拐弯。
第五组布线路径：C 机柜→C1 信息点，高 2.35 m，2 个阳角，1 个阴角，1 个拐弯。
第六组布线路径：C 机柜→C2 信息点，高 1.85 m，2 个阳角，2 个阴角，1 个拐弯。
第七组布线路径：D 机柜→D1 信息点，高 2.35 m，2 个阳角，2 个阴角，1 个拐弯。
第八组布线路径：D 机柜→D2 信息点，高 1.85 m，2 个阳角，1 个阴角，1 个拐弯。

【实训报告】

（1）设计一种水平布线子系统施工图。
（2）在表 6-2 中列出实训材料规格、型号和数量清单表。
（3）列出实训工具规格、型号和数量清单表。
（4）总结使用弯管器制作大拐弯接头的方法和经验。

（5）总结水平子系统布线施工程序和要求。

（6）总结使用工具的体会和技巧。

表 6-2　实训材料规格、型号、数量清单

序号	名称	型号	数量	备注

（7）请写出小组成员及分工情况。

（8）分小组进行任务的实施。要求正确使用相关设备及工具，安全文明操作，现场工具设备摆放整齐，并记录具体的实训过程。

（9）如发现问题，自己先分析查找故障原因，并进行记录。

（10）实训展示。

将实训结果进行展示。能用专业的语言对整个实训过程进行描述。

子任务四　PVC 线槽的布线工程技术实训

【实训目的】

（1）通过水平子系统布线路径和距离的设计，熟练掌握水平子系统的设计；

（2）通过线槽的安装和穿线等，熟练掌握水平子系统的施工方法；

（3）通过核算、列表、领取材料和工具，训练规范施工的能力。

【实训要求】

（1）设计一种水平子系统的布线路径和方式，并且绘制施工图；

（2）按照设计图，核算实训材料规格和数量，掌握工程材料核算方法，列出材料清单；

（3）按照设计图，准备实训工具，列出实训工具清单，独立领取实训材料和工具；

（4）独立完成水平子系统线槽安装和布线方法，掌握 PVC 线槽、盖板、阴角、阳角、三通的安装方法和技巧。

【实训设备、材料和工具】

设备及材料："西元"牌网络综合布线实训装置 1 套（型号 KYSYZ-12-1233）、宽度 20 mm或者 40 mm PVC 线槽、盖板、阴角、阳角、三通、M6×16 十字头螺钉若干。

工具：电动起子、十字头螺丝刀、登高梯子、编号标签。

【实训步骤】

（1）使用 PVC 线槽设计一种从信息点到楼层机柜的水平子系统，并且绘制施工图。

3~4 人成立一个项目组，选举项目负责人，每人设计一种水平子系统布线图，并且绘制图纸。项目负责人指定 1 种设计方案进行实训。

（2）按照设计图，核算实训材料规格和数量，掌握工程材料核算方法，列出材料清单。

（3）按照设计图需要，列出实训工具清单，领取实训材料和工具。

（4）首先量好线槽的长度，再使用电动起子在线槽上开 8 mm 孔，如图 6-24 所示。孔位置必须与实训装置安装孔对应，每段线槽至少开两个安装孔。

（5）用 M6×16 螺钉把线槽固定在实训装置上，如图 6-25 所示。拐弯处必须使用专用接头，如阴角、阳角、弯头、三通等。不宜用线槽制作。

图 6-24　线槽开孔　　　　　　　　图 6-25　固定线槽

（6）在线槽布线时，边布线边装盖板。

（7）布线和盖板后，必须做好线标。

【实训分组】

为了满足全班 40~50 人同时实训和充分利用实训设备，实训前必须进行合理的分组，保证每组的实训内容相同，难易程度相同。分组要求从机柜到信息点完成一个永久链路的水平布线实训，以不同机柜、不同布线高度、不同布线拐弯分别组合成多种布线路径实训，每个小组分配一种布线路径实训。如图 6-26 所示，以"西元"牌网络综合布线实训装置为例进行分组，具体可以按照实训设备规格和实训人数设计。

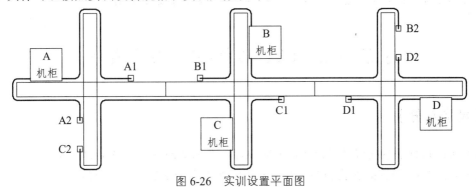

图 6-26　实训设置平面图

第一组布线路径：A 机柜→A1 信息点，高 2.35 m，2 个阳角，2 个阴角，1 个拐弯。
第二组布线路径：A 机柜→A2 信息点，高 1.85 m，2 个阳角，1 个阴角，1 个拐弯。
第三组布线路径：B 机柜→B1 信息点，高 2.35 m，2 个阳角，1 个阴角，1 个拐弯。
第四组布线路径：B 机柜→B2 信息点，高 1.85 m，2 个阳角，2 个阴角，1 个拐弯。
第五组布线路径：C 机柜→C1 信息点，高 2.35 m，2 个阳角，1 个阴角，1 个拐弯。
第六组布线路径：C 机柜→C2 信息点，高 1.85 m，2 个阳角，2 个阴角，1 个拐弯。
第七组布线路径：D 机柜→D1 信息点，高 2.35 m，2 个阳角，2 个阴角，1 个拐弯。
第八组布线路径：D 机柜→D2 信息点，高 1.85 m，2 个阳角，1 个阴角，1 个拐弯。

【实训报告】

（1）设计一种全部使用线槽布线的水平子系统施工图。
（2）在表 6-3 中列出实训材料规格、型号、数量清单表。
（3）列出实训工具规格、型号、数量清单表。
（4）总结安装弯头、阴角、阳角、三通等线槽配件的方法和经验。
（5）总结水平子系统布线施工程序和要求。
（6）总结使用工具的体会和技巧。

表 6-3　实训材料规格、型号、数量清单

序号	名称	型号	数量	备注

（7）请写出小组成员及分工情况。
（8）分小组进行任务的实施。要求正确使用相关设备及工具，安全文明操作，现场工具设备摆放整齐，并记录具体的实训过程。
（9）如发现问题，自己先分析查找故障原因，并进行记录。
（10）实训展示。
将实训结果进行展示。能用专业的语言对整个实训过程进行描述。

子任务五　PVC 线槽/线管布线实训

【实训目的】

（1）通过垂直子系统布线路径和距离的设计，熟练掌握垂直子系统的设计；
（2）通过线槽/线管的安装和穿线等，熟练掌握垂直子系统的施工方法；

（3）通过核算、列表、领取材料和工具，训练规范施工的能力。

【实训要求】

（1）计算和准备好实验需要的材料和工具；

（2）完成竖井内模拟布线实验，合理设计和施工布线系统，路径合理；垂直布线平直、美观，接头合理；

（3）掌握垂直子系统线槽/线管的接头和三通连接以及大线槽开孔、安装、布线、盖板的方法和技巧；

（4）掌握锯弓、螺丝刀、电动起子等工具的使用方法和技巧。

【实训设备、材料和工具】

设备及材料："西元"牌网络综合布线实训装置 1 套（型号 KYSYZ-12-1233）、PVC 塑料管、管接头、管卡、40 PVC 线槽、接头、弯头等若干。

工具：锯弓、锯条、钢卷尺、十字头螺丝刀、电动起子、人字梯等。

【实训步骤】

（1）设计一种使用 PVC 线槽/线管从管理间到楼层设备间机柜的垂直子系统，并且绘制施工图。

3~4 人成立一个项目组，选举项目负责人，每人设计一种垂直子系统布线图，并且绘制图纸。项目负责人指定 1 种设计方案进行实训。

（2）按照设计图，核算实训材料规格和数量，掌握工程材料核算方法，列出材料清单。

（3）按照设计图需要，列出实训工具清单，领取实训材料和工具。

（4）PVC 线槽安装与 PVC 线管安装。

（5）明装布线实训时，边布管边穿线。

【实训分组】

为了满足全班 40~50 人同时实训和充分利用实训设备，实训前必须进行合理的分组，保证每组的实训内容相同，难易程度相同。布线方法如下：

（1）根据规划和设计好的布线路径准备好实验材料和工具，从货架上取下以下材料（任意一组）：

组一：40 PVC 线管、直接头、三通、管卡、M6 螺栓、锯弓等材料和工具备用。

组二：40 PVC 线槽、直接头、三通、M6 螺栓、锯弓等材料和工具备用。

（2）根据设计的布线路径在墙面安装管卡，在垂直方向每隔 500~600 mm 安装 1 个管卡。

（3）在拐弯处用 90°弯头连接，安装 PVC 线槽。两根 PVC 线槽之间用直接头连接，三根线槽之间用三通连接。同时在槽内安装 4-UTP 网线。安装线槽前，根据需要在线槽上开直径

8 mm 孔，用 M6 螺栓固定。

对于 PVC 管：在拐弯处用 90°弯头连接，安装 PVC 管。两根 PVC 管之间用直接头连接，三根管之间用三通连接。同时在 PVC 管内穿 4-UTP 网线。

（4）机柜内必须预留网线 1.5 m。

（5）每组实验路径。

（6）分组实验路径。

实验装置有长 1.2 m、宽 1.2 m 角共 12 个，可以模拟 12 个建筑物竖井进行垂直子系统布线实验。12 个小组可以同时进行实验。

【实训报告】

（1）画出垂直子系统 PVC 线槽或管布线路径图。

（2）计算出布线需要弯头、接头等的材料和工具，并列在表 6-4 中。

（3）总结使用工具的体会和技巧

表 6-4　实训材料规格、型号、数量清单

序号	名称	型号	数量	备注

（4）请写出小组成员及分工情况。

（5）分小组进行任务的实施。要求正确使用相关设备及工具，安全文明操作，现场工具设备摆放整齐，并记录具体的实训过程。

（6）如发现问题，自己先分析查找故障原因，并进行记录。

（7）实训展示。

将实训结果进行展示。能用专业的语言对整个实训过程进行描述。

子任务六　光纤熔接实训

【实训目的】

（1）熟悉和掌握光缆和光缆跳线的种类和区别；

（2）熟悉和掌握光缆工具的用途、使用方法和技巧；

（3）熟悉光缆耦合器的种类和安装方法；

（4）熟悉和掌握光纤的熔接方法和注意事项。

【实训要求】

（1）完成光缆的两端剥线，不允许损伤光缆光芯，而且长度合适；
（2）完成光缆的熔接实训，要求熔接方法正确，并且熔接成功；
（3）完成光缆在光纤熔接盒的固定；
（4）完成耦合器的安装；
（5）完成光纤收发器与光纤跳线的连接。

【实验设备、工具】

光纤熔接机、光纤工具箱。

【实训项目和步骤】

（1）光缆的两端剥线。
（2）光缆在熔接盒内的固定。
（3）光缆熔接。
（4）光纤耦合器的安装。
（5）完成布线系统光纤部分的连接。

【实训报告】

（1）在表 6-5 中填写实训材料和工具的数量、规格、用途。

表 6-5　实训材料规格、型号、数量清单

序号	名称	型号	数量	备注

（2）分步陈述实训程序或步骤以及安装注意事项。
（3）总结实训体会和操作技巧。
（4）请写出小组成员及分工情况。
（5）分小组进行任务的实施。要求正确使用相关设备及工具，安全文明操作，现场工具设备摆放整齐，并记录具体的实训过程。
（6）如发现问题，自己先分析查找故障原因，并进行记录。
（7）实训展示。
将实训结果进行展示。能用专业的语言对整个实训过程进行描述。

思考与练习题

一、填空题

1. 综合布线特点表现为它的_____、_____、_____、_____、可靠性和先进性。

2. 钢管明敷时管与管之间的连接主要有_____和_____连接两种方法。

3. 线缆在天花板或吊顶内的布线方法一般有两种方法，即_____和_____。

4. 垂直线槽布放缆线应每隔_____进行固定。

5. 光缆的接续包含有_____、_____（如光电组合光缆时）、金属护层和加强芯的连接、接头套管（盒）的封合安装等。

二、简答题

1. 综合布线系统的结构通常划分为哪六个子系统？

2. 硬塑料管明敷时分线盒的设置要求是什么？

3. 硬塑料管暗敷方式有哪些？

4. 线缆敷设时线缆最大允许拉力怎样确定？

5. 线缆在槽道中的敷设要求是什么？

6. 在屏蔽电缆敷设时，其曲度半径及牵引力大小的一般要求是什么？

7. 光缆施工敷设的一般要求是什么？

8. 光缆敷设中需要注意的几点要求是什么？

参考文献

[1] 赵晓宇，王福林，吴悦明，等. 建筑设备监控系统工程技术指南[M]. 北京：中国建筑工业出版社，2016.

[2] 王佳. 智能建筑概论[M]. 2 版. 北京：机械工业出版社，2017.

[3] 邢智毅. 智能建筑技术与应用[M]. 北京：中国电力出版社，2012.

[4] 沈瑞珠. 楼宇智能化技术[M]. 2 版. 北京：中国建筑工业出版社，2013.

[5] 牛云陞. 楼宇智能化技术[M]. 北京：北京邮电大学出版社，2013.

[6] 王毅. 楼宇自动化工程[M]. 北京：中国电力出版社，2015.

[7] 沈晔. 楼宇自动化技术与工程[M]. 3 版. 北京：机械工业出版社，2014.

[8] 王用伦. 智能楼宇技术[M]. 2 版. 北京：人民邮电出版社，2014.

[9] 陈德明，董娟，李明君. 智能建筑安全防范系统设计与安装[M]. 哈尔滨：哈尔滨工程大学出版社，2017.

[10] 王公儒. 网络综合布线系统工程技术实训教程[M]. 北京：机械工业出版社，2010.

[11] 徐鹏. 校园能耗监控系统的应用研究[D]. 吉林建筑大学，2016.

[12] 刘大震. 楼宇配电监控系统的研究[D]. 河北工业大学，2013.

[13] 中华人民共和国公安部. GAT 75—1994 安全防范工程程序与要求[S]. 北京：中国标准出版社，1994.

[14] 中华人民共和国住房和城乡建设部. GB 50116—2013 火灾自动报警系统设计规范[S]. 北京：中国计划出版社，2013.

[15] 中华人民共和国住房和城乡建设部. GB 50314—2015 智能建筑设计标准[S]. 北京：中国计划出版社，2015.

[16] 中华人民共和国住房和城乡建设部. GB 50339—2013 智能建筑工程质量验收规范[S]. 北京：中国建筑工业出版社，2013

[17] 中华人民共和国建设部. GB 50394—2007 入侵报警系统工程设计规范[S]. 北京：中国计划出版社，2007.

[18] 中华人民共和国住房和城乡建设部. GB 50606—2010 智能建筑工程施工规范[S]. 北京：中国计划出版社，2010.

[19] 中华人民共和国建设部. GB 50166—2007 火灾自动报警系统施工及验收规范[S]. 北京：中国计划出版社，2007.

[20] 中华人民共和国建设部. GB 50348—2004 安全防范工程技术规范[S]. 北京：中国计划出版社，2004.

[21] 中华人民共和国建设部. GB 50395—2007 视频安防监控系统工程设计规范[S]. 北京：中

国计划出版社，2007.

[22] 中华人民共和国建设部. GB 50396—2007 出入口控制系统工程设计规范[S]. 北京：中国
　　 计划出版社，2007.

[23] 中华人民共和国住房和城乡建设部. GB 50311—2016 综合布线系统工程设计规范[S]. 北
　　 京：中国计划出版社，2016.